KB185722

스크린 너머의 공간 이야기

스크린 너머의 **공간** 이야기
재미있게 풀어보는 미디어 지리학

초판 1쇄 발행 2024년 11월 18일

지은이 장윤정
펴낸이 김선기

이사 조도희
편집 고소영, 이선주
디자인 조정이
펴낸곳 (주)푸른길

출판등록 1996년 4월 12일 제16-1292호
주소 (03877) 서울시 구로구 디지털로 33길 48 대륭포스트타워 7차 1008호
전화 02-523-2907, 6942-9570~2
팩스 02-523-2951
이메일 purungilbook@naver.com
홈페이지 www.purungil.co.kr
ISBN 979-11-7267-019-1 03980

재미있게 풀어 보는 미디어 지리학

스크린 너머의 공간 이야기

푸른길

Contents

추천사

지리는 본능이다.

인간은 진화 과정에서 강력한 지리 본능을 가지게 되었다.

어린아이든 노인이든 움직이지 못하게 하는 것은 견딜 수 없는 고통이다. 오죽하면 큰 죄를 지은 사람들에게 몇 년간 마음대로 돌아다니지 못하게 하는 형벌을 내리겠는가?

지리 본능에는 세 가지 본능이 포함된다.

이동 본능, 장소 본능, 공간 본능.

돌아다니고, 새로운 장소를 탐색하고, 자신만의 공간을 확보하는 것은 예나 지금이나 무척 중요하다. 지리 본능은 구석기 시대부터 현대에 이르기까지 생존과 권력을 위해 필요한 본능이다. 원시 시대에는 생존을 위해서, 현대의 세계화 시대에는 성공과 행복을 위해서 지리를 잘 아는 것이 필수적이다.

저자가 오랫동안 연구해 온 영화지리학에 관한 책을 펴내게 되니 반갑다. 영화지리학이 재미있고 큰 의미가 있는 분야이지만 한국에서 별로 활성화되지 않았는데 저자의 학문적 자서전과 같은 책을 대하니 반갑다.

영화 속의 장소들이 영화의 흥미를 높여주는 경우가 많다. 어릴 때부터 좋아했던 영화 007 시리즈에는 항상 독특한 장소들이 많이 등장하여 재미있었다. 그 뒤 〈반지의 제왕〉, 〈미션 임파서블〉과 같은 영화와 왕좌의 게임 같은 드라마도 배경이 되는 장소가 주는 매력이 컸다. 우리나라에서도 〈1박2일〉, 〈무한도전〉, 〈런닝맨〉, 〈삼시세끼〉와 같이 다양한 장소를 배경으로 진행되는 예능 프로그램이 큰 인기를 얻고 있다.

장소나 공간이 영화나 드라마의 몰입도에 큰 영향을 미치는 것은 분명하다. 이렇듯 미디어에서 지리적 요소의 역할이 중요한 것을 느끼고 있는데 저자가 그동안 연구한 바와 새로운 사례를 포함한 책을 내어놓으니 반갑다.

저자는 영화지리학에 대한 학문적 설명에 더하여 영화를 좋아하는 사람들이라면 누구나 알만한 영화와 드라마를 사례로 지리와 영화의 관계를 흥미롭게 설명하고 있다.

본문 중, 영화 〈도굴〉의 영어 제목이 〈Collectors〉라는 점이 흥미롭다. 〈슬기로운 감빵생활〉 드라마의 촬영 장소 중 하나가 구 장흥교도소라고 하는데, 세트장을 방문하면 흥미로울 것 같다. 나 스스로도 〈신용문객잔〉이라는 영화를 촬영한 중국 둔황의 세트장을 방문하고 크게 감탄한 적이 있다. 〈사랑의 불시착〉이라는 드라마를 촬영하는 데 수많은 장소를 찾아서 활용한 제작자들의 노력에 다시 한번 놀랐다.

신호를 보내는 제작자와 신호를 받아 해석하는 관객의 역할에 관한 저자의 해석도 흥미롭다. 이제는 관객이 제작자의 포지셔널리티(소속이나 입장)를 파악해서 주체적으로 미디어를 해석하는 것이 중요하다는 것이다. 제작자의 포지션이나 의도를 모른 채 미디어 시청에 몰입하면 조종당하기 쉽기 때문이다. TV 홈쇼핑 방송을 10분쯤 보고 있으면 나도 모르게 왠지 해당 상품을 사고 싶어지는 경험을 자주 한다. 홈쇼핑 방송 제작자들은 심리 조종의 명수들이다.

영화나 드라마뿐 아니라 뉴스, 유튜브, 기타 SNS에서도 제작자들이 특정한 포지션이나 의도를 가지고 시청자를 조종하려는 경우가 많은 것 같다. 미디어를 대할 때 제작자의 포지션과 나의 포지션이 각각 무엇인지 헤아리면서 시청한다면 무의식적으로 조종당할 가능성이 줄어들 것이다.

이 책은 영화를 좋아하는 독자들이 본문에 포함된 영화를 보면서 같이 읽으면 더 재미있고 유익할 것이다.

당신의 인생을 한 편의 장편 영화라고 가정한다면, 당신은 제작자로서 그리고 주연 배우로서 각각 어떠한 포지셔널리티를 가지고 계신가요? 당신의 인생에서 지리를 어떻게 이용하시겠습니까?

이정만(전 서울대 지리학과 교수)

프롤로그

나는 줄곧 영화라는 매체에 관심을 가져왔다. 고등학교 1학년 때, 특별활동으로 영어영화 관람부에 소속되어 한 달에 한 번씩 종로의 단성사나 피카디리 극장에서 영화를 보곤 했다. 이제는 좋은 추억이 된 종로 극장 관람 시절, 특히 명보아트홀로 바뀐 명보극장에서 보았던 영화 〈야반가성〉(1996)이 가장 기억에 남는다. 시험을 마치고 친구들과 함께 보았던 중국판 '오페라의 유령'인 이 영화는 영화 음악이 너무 좋아서 카세트테이프가 닳을 때까지 들었던 기억이 있다.

한편으로는 시간이 훌쩍 지나 전혀 다른 세상을 살면서, 영상에 익숙해져 가는 아이들이 걱정되기도 했다. 현실과는 조금 거리가 있는 영화 속 이야기가 아이들의 경험과 관계하여 어떻게 받아들여질지 고민이 되었다. 아이들 사고에 매체가 영향을 주는지가 궁금해 나는 영상을 요약하면서 대화를 해 왔다. 아이들은 가짜 뉴스와 유튜브의 무분별한 정보 사이에서 사실관계를 잘 이해하고 있었지만, 영화처럼 개연성 있는 픽션은 가끔 현실과 혼동했다. 아직 초등학생이라 어리기도 하지만, 아이언맨이 만든 세상이 실제로 존재한다고 믿었고, 유니버설 스튜디오에서 대역배우가 날아다니는 것을 보고 스파이더맨에 푹 빠졌다. 그의 불운을 이겨낸 성장 스토리나 마블 책을 읽을 때도, 아이들은 궁금증을 찾아 마블 백과사전을 찾아 읽었다. 허구일지도 모를 상상의 세계를 탐구하는 아이들을 보면서, 소설과 다르게 이미지를 전달하는 미디어의 영향이 염려되었다.

여행을 다녀오면 아이들은 랜드마크를 기억하고, 텔레비전이나 영화에서 같은 장소가 나올 때마다 기뻐했다. 영화 〈슈퍼소닉 2〉(2022)에 스페이스 니들이 배경으로 나오거나 〈인사이드 아웃〉(2015)에 금문교가 나오면, 여행했던 때를 떠올리면서 즐거워했다. 영화 속에서 미디어와 관련된 장면이 등장하는 것은 초등학교 역사 수업 시간에 책에서 읽었던 내용을 손 들고 발표하는 것과 같은 기쁨을 주는 듯했다. 지리 정보나 역사 연표를 확인하는 차원을 넘어, 왜 그 장소가 선택되었는지, 어떤 장르의 영화가 내용과 장소 선택에 영향을 미치는지 궁금해졌다.

코로나 팬데믹은 나의 일상에 깊은 변화를 가져왔다. 지인의 장례식에서는 제대로 애도할 수 없었고, 조카의 결혼식과 탄생을 축하할 기회도 없이 멀리서 격려만을 교류해야 했다. 2년이 지나 코로나가 익숙해질 무렵, 오래된 영화들이 떠올라 사용하지 않던 노트북을 꺼내 다시 글을 쓰기 시작했다. 나는 미래에 할머니가 될 날을 꿈꾸며, 두 아이의 엄마로서 내가 잘할 수 있는 것이 무엇일까 고민하던 끝에 용기를 내어 글을 쓰기로 했다. 미디어를 통해 지리적 글쓰기로 세상을 만나는 것이 어떤 경험일지 궁금해졌다. 박사학위를 마친 지 11년이라는 시간이 쌓였다. 이 기간의 오랜 시간을 육아에 전념했기에 아이들의 눈높이에서 세상을 바라보는 관점도 더해졌다. 나는 지리적 미디어 문해력이 넓은 세상을 이해하는 길잡이가 되기를 바란다.

학부 때부터 지리학의 대중화에 꿈을 품고 있었다. 대학시절 이과대학 자연과학부에서 물리학, 수학, 화학, 생명과학을 함께 수강하던 내게 대학원 진학 후 사회과학대학에서 배운 인문지리학은 매우 흥미로웠다. 이후로 문화지리학에 관심을 키우면서 텀(term) 프로젝트로 데이비드 하비가 예시로 들었던 영화 〈베를린 천사의 시〉(1993년, 대한민국 기준)를 분석할 기회가 있었다. 그 이후 영화지리학에 더 집중하게 되었고, 영화와 지리의 접점을 논리적으로 입증할 방법을 꾸준히 찾아다니고 있다.

커뮤니케이션 지리학 연구는 미디어를 접할 기회가 현격하게 확장된 지금이야말로 할 이야기가 많다. 드라마, 영화, 광고라는 공간의 재현을 다루는 매체들은 데이터의 축적이라고 볼 수 있을 정도로 많아졌고 몇 개의 해시태그만으로 쉽게 찾아볼 수 있을 정도로 가까워졌다. 코로나 기간에 초등학교 참관수업을 가보니, 자신의 꿈을 발표하는 수업에서 스튜어디스를 꿈꾸는 아이들이 연달아 5명(24명 기준)이 나와 깜짝 놀랐다. 2024년에는 그동안 축적된 영상들 덕분인지, 여행 크레이터 4명, 캠핑 크레이터 1명(27명 기준)으로 여행을 직업으로 꿈꾸는 아이들이 생겨났다. 혹시 그런 친구들이 성장한다면, 미디어와 지리학의 관계를 전해주고 싶은 생각이 든다.

공간의 재현과 간접 경험이라는 개념을 통해 영화와 드라마를 볼 때 생겨나는 지리적인 물음에 답을 하고 싶었다. 문화지리학에서 논의되던 경관을 바라보는 사유 방식이 실재와 가상 사이를 이해하는 데 도움을 준다. 실제 장소와 연관된 인지공간으로 영화나 드라마 속 장소가 어떻게 받아들여지는지 궁금한 지리학도, 영화학도, 그 외 지리와 미디어의 만남에 관심 있는 모든 이들과 함께 이야기해 보고자 한다.

Intro 미디어와 지리학이 만났다면?

삶에서 시간과 장소에 대한 기록은 함께 나타난다. 영화에서도 시간의 흐름과 내용의 전개에 따라 장소가 계속해서 등장한다. 지리학에서는 오랫동안 장소에 대한 논의를 축적해 왔고, 이를 영화에 응용하여 영화에 나타난 장소를 살펴볼 수 있다. 영화에 표현된 장소는 실제 세계에서 영화의 특정 신(scene)과 관련된 촬영지가 함께 선택된다. 그 장소는 익히 우리가 많이 알고 있는 곳으로 해당 영화를 모르는 사람들이 살고 있는 현실에서의 삶(지역민, 관객, 여행자 등) 또한 있는 곳이다. 또한 영화에 나타난 공간들은 영화가 제작·편집·상영에 이르기까지 제작자에 의해 재현된 결과물이라는 점에서 의미를 가진다. 즉 만들어진 이야기의 전개 결과로서 영화 속 장소는 **영화와 관련**

된 전반적인 이해가 필요하다.

영화라는 매체의 성장과 방향

2024년 6월 10일 뉴스에 원주 아카데미 극장에 관한 기사가 올랐다. 60여 년의 역사를 자랑했던 원주 아카데미(원주극장)가 다른 여느 독립극장과 같이 사라질 위기에 처했다는 내용이었다. 상영 공간은 바뀌어 가고 있고, 영화 산업 관련 연구가 계속해서 이루어져 왔다. 지역 영상 문화산업의 변화, 발전이나 「다양성 영화의 지역 상영 활성화 연구」(2008) 등의 연구는 역설적으로 지역성을 강조하고 있다. 「경남지역 영화사」(2015), 「호남의 극장문화사」(2007) 등이 지역연구와 맞물려 지역 내 매체입지의 중요성을 분석하고 있다.[1] 과거에는 촬영, 편집, 상영에 관련된 영상 산업을 지역화하여 분석하였으나, 본문에서는 최근 들어 상영공간이 일상으로 침투하면서 가까이 다가온 미디어 관람에 대해 주목한다.

영화를 상영하는 극장이 사라져 가고, 지역 극장보다는 멀티플렉스 상영관을 선호하고 있다. 독립상영관이 아니면 독립영화를 볼 기회가 줄어들고 있기에 지역 극장의 존폐에 대하여 전문가를 배제하고 공무원끼리 철거를 결정한 것에 운영위원회는 안타까워하고 있다. 각기 지방에서는 위기의 지방 극장을 살려내기 위해 노력하고 있다. 코로나 시기인 2021년에 서울 극장이 문을 닫은 것을 기억하고 있기 때문일 것이다. 이제는 복합영화관이 영화를 선별하여 상영하고, 집에서는 OTT[2]로 편하게 영화를 보는 시대가 열렸다.

드라마의 양적인 성장과 확장된 채널을 통한 미디어 송출은 실제 장소에 대한 호기심과 궁금증을 증폭시켰다. 방영 이후 시청하면서 겪는 촬영 장소에 대한 논의는 물론, 미디어 관람자나 지역의 방문자 인식 변화 또한 지리학의 실존적 문제가 되어가고 있다. 최근 들어서는 OTT의 성장과 함께 tvN을 포함한 종편 드라마의 진입[3]과 그에 이어 새롭게 등장한 ENA와 같은 신규 채널은 영화와 드라마를 오가는 배우와 감독-프로듀서의 범위를 확대시키고 있다.

나는 다행히도 자연스럽게 한국 영화, 드라마와 성장했다. 1990년대 후반 대학교 입학했을 때 멀티플렉스 영화관에서 마음에 드는 영화를 골라 관람할 수 있었다.[4] 원하면 하루에 두세 편도 가능했다. 영화관은 충분히 혼자, 혹은 친구와 만나 사회적 시간을 즐길 수 있게 해 주었다. 박사논문을 마무리하고 가족이 생겨 집에서 시간을 보낼 때 OTT 시대가 열렸다. OTT 서비스 중 대표적으로 넷플릭스가 2010년 캐나다에 서비스를 출시하고 2013년에 자체 콘텐츠를 스트리밍하기 시작하면서, 콘텐츠 경쟁의 시대에 개인 영화 관람을 부추기고 있다. 게다가 코로나 시기에는 OTT의 급성장으로 영화와 드라마의 경계가 허물어졌다.[5] 집에서도 편히 영화와 드라마를 선택해 볼 수 있게 되었다.

지리적 미디어 문해력

지리적 미디어 문해력(Geographical Media Literacy)[6]은 사람들이 지리적 정보와 이를 제공하는 미디어를 이해하고 활용하는 능력을 의미한다. 지리적 미디어 문해력은 미디어를 읽는 과정에서 지리적 정보가 결합하여, 지리적 개념이 매체를 이해하는 능력의 폭을 구체화하는 데 도움을 준다. 지리적 미디어 문해력의 영향력은 (1) 매개된 정보는 항상 이미 사회적으로 구성되어 있다; (2) 매개된 정보는 그것이 생산된 사회와 시대에 의존한다; (3) 매개된 정보는 우리가 세상을 살고 보는 방식에 영향을 미친다; (4) 매개된 의미는 생산과 소비의 실천을 통해 나타나는 관계적이거나 발생적인 의미이다; (5) 미디어는 고유한 언어와 커뮤니케이션 시스템을 가지고 있다. 이 원칙들은 영화 및 문화 연구뿐만 아니라 비판적 지리학에서도 널리 사용되고 인정받는 시각적 방법론의 근본적인 측면이 있다.

이 개념은 이미지를 데이터화하는 과정에서 간극이 발생

할 수 있음을 좌시하지 않았다. 과학철학 분야에서 'AI 윤리'[7]가 필요하듯이, 촬영지나 현지 정보가 지리적 정보로 데이터화되어 가는 과정에서 오류를 줄일 수 있는 접근이 필요하다. 미디어 소스는 보이는 편집 화면으로 스토리를 이해할 수 있어야 한다. 시각 정보는 실제 세계에 대한 이해를 바탕으로 한 이미지, 색감, 사운드, 텍스트 등을 활용해 정지화면 한 장에서도 찾을 수 있는 정보이다. 추출된 소스는 인터넷 데이터 안에서 잘못된 정보들이 오용되지 않게, AI 활용으로 쉽게 수정 보완하도록 도울 수 있다. 또한 일상에 펼쳐진 미디어 소스에 따른 시각 정보에 지리적 정보가 결합하는 것이 더욱 가속화되면서, 이제는 이미지 검색에도 판단이 필요하다.

tvN 〈미래수업〉(29회)에서 과학철학을 전공한 이상욱 교수는 버락 오바마의 백악관 회의 사진을 보여 주며 AI는 '오바마를 어떻게 인식하는가'라는 질문을 했다. 대부분은 오바마라고 대답하였으나 사진을 분석할 수 있는 스탠퍼드 대학교 이미지넷[8]의 답은 '선동 정치가'였다고 강의한다. 사진은 백악관 상황실에서 오바마가 빈 라덴 사살 현장을 지켜보던 순간이다. 오바마가 선동가로 나온 이유는 AI가 데이터 레이블링 후에 인공지능 편견으로 답을 제시했기 때문이다. AI가 학습하는 과정은 지도학습과 비지도학습으로 나눈다. 지도학습은 레이블(정답)이 포함된 데이터를 이용하여 모델을 학습시키는 방법이다. 이 학습 방식에서는 입력 데이터와 그에 대응하는 정답(출력 데이터)을 함께 제공하여, 모델이 입력과 출력 간의 관계를 학습하며 오류를 줄여간다. 비지도학습은 레이블이 정해져 있지 않고 패턴을 제시한다. 데이터 레이블링을 하려면 원시 데이터(이미지, 텍스트 파일, 비디오)를 식별한 다음 해당 데이터에 하나 이상의 레이블을 추가하여 모델을 위한 컨텍스트를 지정한다(IBM 홈페이지 참조). 레이블링 과정은 AI 모델이 데이터를 이해하고, 학습하여 정확한 예측을 할 수 있도록 도와준다. AI와 이미지로 소통 할 때 고려해야 할 사항들이 늘어나고 있다. 그림 1을 보면 같은 백악관 상황실일지라도 위의 오바마는 뒷모습을 보여 주고, 아래는 모두의 시선이 화면 밖에 쏠려 있다. 이는 두 사진이 문제에 대한 포지션을 달리 보여 주는 것이고, 어떤 것을 문제로 두고 사회문화적 상황을 풀어내느냐에 따라 포지셔널리티의 의미 또한 다르다. 그림 1의 위쪽 사진에서는 선동 정치가의 모습이 보이지 않지만, 사진에는 의사결정자로서 빈라덴 사살에 오바마가 최종 결정을 했다는 것을 알 수 있다. 따라서 어떤 사진이 배포되느냐에 따라 구체적인 레이블링이 달라질 수 있다.

그림 1. 빈라덴 사살 백악관 상황실

포지셔널리티

포지셔널리티(Positionality)는 『현대 문화지리학』(2011)에 '위치성'으로 번역되어 있으나, 합의된 의견인 포지션, 포지셔닝 등 연구 과정의 내용을 함축하기 위해 원어를 그대로 사용한다. 포지셔널리티가 미디어 분석에 적합한 것은 첫째, 대상의 재현에 대한 논의를 가능하게 하기 때문이다. 포지셔널리티는 현실 속의 대상을 각자 인식하는 과정에서 왜곡을 초래하는 개인적 특질(인종, 계급, 이데올로기)을 말한다. 누가, 어디서, 언제, 왜 말하고 평가하며 이해하는가를 읽어내려는 인식론적 관점을 표현한 것이다(크리스 바커, 2009). 연구자가 문제의식을 찾고 현장에서 내부자로부터 외부자, 외부자로부터 내부자로 참여, 관찰, 집필함으로써 해소된다. 둘째, 포지셔널리티의 주요 요건인 자기반영성(reflexivity)이 외부적 요인으로 변할 경우에는 그 시기와 대상과의 상황 관계를 파악하여 우선시 되는 새로운 포지션을 결정해야 한다. 연구자의 포지션 설정은 연구의 내부자나 외부자로 어떻게 자리하는지 또한 이해를 돕는다. 셋째, 포지셔널리티는 상황적 지식(situated Knowkedge)에 대한 합의를 필요로 한다. 논의 중인 상황적 지식은 연구를 전개해 가는 과정에서 결과에 대한 합의를 얻게 도와준다. 개개인이 차이가 있기 때문에 무엇이 누구에 의해서, 누구를 위해서 행해지는가, 어떻게 어디서 그것이 행해지는가, 그것이 어떻게 최종적인 결과물로 전화되는가가 개인마다 지대한 차이를 만들어 낸다(문화역사지리학회, 2011).

이 책에서는 이미지 검색 결과의 예시로 영화 〈기생충〉을 들어보고자 한다. 이미 '기생충 촬영지' 결과 내에서 배경의 위치를 나타내는 '자하문 계단'과 함께 영화가 상징하는 바로 '빈곤', 그 이후 미디어 유발 여행[9]으로 얻게 된 '해결 없는 관광지 개발'이 함께 검색된다. 하나의 신에서 비롯된 장소가 대상화되는 과정에서, 관광객이 빈곤의 이미지를 상상하면서 모여들어 지역민에게는 불편한 마음을 갖게 하는 결과를 낳을 수 있다는 것을 보여 주는 한 예이다. 상영 이후에는 검색 결과가 실제 그 장소이미지로 연결되어 사실처럼 누적된다. 실제로 그림 2의 자하문 계단은 부암동 인근에 있다. 편집된 영화 속 공간으로는 실제 장소를 오해할 수 있게 만들기도 한다. 자하문 계단이 검색된 이미지는 콘텐츠 주제 검색어와 결합된다. 검색어 '빈부격차', '빈곤'과 결합하여 얻게 된 결과는 자하문 계단에 레이블링되어 이미지 검색을 돕기 때문이다. 석파정 서울 미술관 옆, 자하문 계단은 자하문을 이전에 방문한 사람이라면 낭만의 계단이라고 떠올릴 수 있지만, 영화를 먼저 본 사람에게는 〈기생충〉에서 비롯된 이미지로 먼저 누적될 수 있기 때문이다. 이러한

그림 2. 영화 〈기생충〉 촬영지
(장소: 자하문 계단, 2024년 직접촬영)

간섭현상은 현지에 거주하는 사람들에게 거주 장소와 영화 속 장소의 간극을 만들어 낸다.

영화 밖 장소와 영화 속 장소

영화 밖 장소라는 표현이 낯설 수도 있다. 영화나 드라마를 보고 촬영지가 궁금한 적이 있다. 관람자는 영화를 보기 전이나 보고 나서 장면에 나타난 배경이 궁금할 때 그래픽 여부를 떠나 그곳이 어디인지, 왜 그곳에서 촬영하게 되었는지를 궁금해할 수 있다. 떠오르는 영화가 있는데 무슨 이유로 호기심이 생기는지 꼬리를 물게 된다면 해답을 찾을 수 있길 바란다. 영화 밖 장소는 영화 시나리오에 맞춰 발탁된 촬영지이다. 흔히 로케이션(location)이라고 말하는 '로케', 즉 영화 밖 장소는 제작자들에게만 친근할 것 같지만, 드라마나 영화가 공개된 다음 날이면 포털사이트에 해시태그를 활용하여 어디에 있는지를 쉽게 검색할 수 있다.

아름다운 작품들이 무수히 많다. 행복한 장소들이 주변에 참 많다. 나의 추억이 깃든 영화나 드라마를 보고 나서 다르게 보이거나 이를 보기 전부터 설레게 만드는 장소들이 있다. 보고 나서 한참 삶에 여운이 남는 곳도 있다. 오래된 영화인 영화 〈공동경비구역 JSA〉(2000)가 그렇다. 상징적인 판문점 외에도 촬영지인 경기도 양평촬영장(남양주종합촬영소)이 남아 있다. 일반인은 경기도 파주시 판문점에 접근할 수 없지만 경기도 양평군 촬영장에 가면 내가 원하는 모습으로 영화의 한 장면을 조우할 수 있다.

수많은 에디터, 기자, 블로거들의 스틸 컷으로 분단선은 확인되어 오고 있다. 그리고 영화 안에서 여러 캐릭터(소피, 이수혁, 오경필 등)로 영화 밖 장소를 의미 있게 만들어 왔었다. 영화 밖 장소는 파주 판문점에 있는 실제 장소 JSA와 양평 촬영지로 구분되어야 하고 이러한 사례가 현실에 대한 이해에 혼란을 줄여갈 수 있게 도와준다. 현실이 데이터화되고 기록되어 가는 과정에서 영화 밖 장소를 되짚어 보는 것은 어떨까? 라는 발로에서 시작한다.

언어유희지만 발로는 알고리즘에서 "Barlow Twins"라는 이름으로 알려진 딥러닝 알고리즘을 지칭한다. 이 알고리즘은 자율 학습(self-supervised learning)의 한 방법으로, 2021년에 제안되었다. 이 방법은 레이블이 없는 데이터에서 표현을 학습하는 데 중점을 두고 있으며, 특히 이미지 데이터에 대해 좋은 성능을 보인다. 그림을 글로 변환하는 새로운 레이블링이 필요한 경우, 데이터화하는 과정에서 필요한 아이디어를 찾아보도록 하자.

그림을 글로 만들려고 할 때 개개인이 가지고 있는 정보가 다르다. 영화를 선택하는 것도 개인이 하는 것이지만 각자 서로의 살아온 경험이 다르고, 경험에 따른 장소에 대한 선지식도 상이하다. 개별성에 대한 이해로 저의 이야기를 해 보고자 한다. 현실에서는 영화나 드라마를 보다 보면 한번 가본 적 있는 장소가 나오거나 매일 지나쳐 익숙한 장소를 발견할 때가 있다. 그렇게 시작한 호기심은 관련된 영화들(감독, 장르, 시기, 연작, 배우 등)을 따라 확장된다. 위치정보로 얻게 되는 영화(드라마) 밖 장소가 있다. 누적된 인터넷 정보와 SNS의 확장으로 촬영지 정보를 쉽게 접할 수 있다. 논문을 작성할 때, 여의도에 거주했던 나는 KBS 별관에 설치된 스크린에 보이는 드라마 광고를 보면서 앙카라 공원을 매일 산책했다. KBS 별관 맞은편에 있는 앙카라 공원은 MBC 시트콤 〈뉴 논스톱〉에서 스쳐지나가는 장면으로 자주 등장했던 곳이다. 튀르키예가 아닌, 서울에 위치한 앙카라 공원을 산책하면서 닫혀 있는 튀르키예 전통가옥을 볼 때마다 연결성에 대해 생각했다. 디지털 정보에는 제목, 해시태그처럼 특정 주제나 키워드가 함께 온다.

개인이 미디어나 직접 현실에서 겪은 경험과 관련하여 인식된 영화(드라마) 밖 장소가 있다. 영화 〈시월애〉에서 남주인공 이정재가 교통사고로 사망하는 촬영지는 집 인근에 있었다.

그 곳을 지날 때마다 OST "Must say goodbye"가 머릿속을 맴돈다. 콘텐츠에서 비롯된 미디어 공간에 대한 자각이 현실에서 빈번하게 일어난다. 일상에서 스쳐지나가거나 관광지로 방문을 하지 않아도, 랜드마크를 보면 촬영 장소가 어디인지 알 수 있는 경우가 대부분이다.

그렇다면 '영화(드라마) 속 장소'는 어떤 장소일까? 실제 장소가 아닌 미디어와의 만남만으로도 상상되는 공간이 있을까? 랜선 여행이란 단어가 유행했듯이 우리는 가보지 않고도 미디어를 통해 간접경험으로 그곳에 닿게 된다. 다행히도 우리는 집에서 편하게 영화나 드라마를 통해 여러 공간을 만날 수 있다.

드라마 〈웰컴 투 삼달리〉(2024)를 통해 제주도의 아름다운 풍광들과 주인공의 고향에 몰입해 보자. 드라마 〈웰컴 투 삼달리〉에서 고향으로 돌아와 동네 친구들 사이에서 새롭게 살아나는 여주인공 조삼달은 그곳에서 사랑의 근원 또한 찾게 된다. 학창 시절의 친구들이 기억해 주는 삼달, 청운의 꿈을 갖고 서울로 갔으나 구설수에 올라 제주에 돌아온 삼달, 진짜 좋아하는 게 뭐였는지, 왜 그 일을 시작하게 되었는지에 대한 해답을 고향에서 가족과 친구들 사이에서 얻는다. 드라마 밖 장소가 제주도 성산읍 삼달리라는 단순한 공간이라면, 드라마 속 장소는 고향 삼달리에서의 태어난 순간부터 삼달이가 삼달리로 돌아온 과정을 포함하여, 집이라는 공간에 부모님이 계시는 집, 언제든지 세 자매가 함께 할 수 있는 집, 남자 주인공 용필이네 집 앞 삼달이네 집 등의 의미를 포함한 서사가 담긴 곳이다. 시청자는 고향이 제주가 아닐지라도 고향이라는 장소에 수렴하여 공감한다. 이처럼 콘텐츠에 몰입했을 때 얻게 되는 랜선 장소가 있다.

사건이 일어나는 순간, 때와 장소가 함께 서술되듯이 미디어가 만들어질 때 배경을 설명하기 위해서 당연히 시간과 장소는 표현된다. 관람자는 잠깐이라도 스쳐 지나가는 장면을 통해서 그 공간이 바닷가에 있는지, 산을 배경으로 하는지 유추해 볼 수 있다. 물론 대사나 자막으로도 장소가 설명될 때도 있다. 계절과 시간을 고려하여 촬영된 영화(드라마) 속 장소들을 이해하는 것은 어떠한지를 떠올려 보자. 다양한 답을 얻고자, 역사적 사건을 재현한 영화와 범죄를 흥미롭게 각색한 영화, 나아가 여러 장르에 따라 영화 속 장소들이 어떻게 다르게 그려질 수 있는지 살펴볼 것이다. 그리고 드라마에서 긴 분량을 차지하는 등장인물들의 공간이 어떻게 드라마 속 장소로 자리 잡는지를 살펴보고자 한다.

영화(드라마) 속 공간들을 살펴보면 아름다운 장면을 연출하고 사실적으로 보이기 위해, 제작자들이 얼마나 노력을 들이는지를 미루어 짐작할 수 있다. 개연성 있게 이야기 무대를 만들기 위해 문을 열면 펼쳐지는 실내 스튜디오와 실외 촬영장의 연결부분을 우선적으로 찾았다. 그리고 실제 장소들에서 가장 구현하기 좋은 지점들을 찾아 편집한 공간들을 이야기로 풀어내려고 노력했다.

같은 공간일지라도 카메라를 와이드 앵글로 잡느냐, 클로즈업하느냐에 따라 피사체가 드러나고, 그 의미에 따라 미디어 속 장소로 드러난다. 또한 스크린을 뒤로 하고 촬영을 한 후에 컴퓨터 그래픽을 어떻게 구현하느냐에 따라 공간을 꽉 채우게 되기도 한다. 제작자가 전달하고자 하는 메시지를 덧씌운 미디어 속 장소는 설득력 있는 캐릭터와 이야기로 프레임을 꽉 채운다. 그 옆에 촬영 공간, 드라마 속 공간들이 연결되면서 드라마 속 장소들이 탄생한다. 다음 장에서는 영화의 관람자, 드라마의 시청자, 미디어 유발 여행지의 여행자[10] 등을 포섭할 수 있도록 미디어 공간이 품고 있는 지리에 대해 살펴보려고 한다.

part I 미디어 공간의 재현 경험

미디어를 통한 경험은 특정 공간을 간접적으로 체험하게 하고, 그 공간에 대한 인식을 형성하며, 감정적 반응을 유발한다. 또한 특정 장소에 대한 인식을 변화시킬 수 있다. 그 결과로 미디어 속 장소로 인식할 수 있는 파트를 따로 나누어 살펴보도록 하겠다.

미디어 공간의 재현은 미디어가 특정 장소, 사람, 사건 등을 어떻게 묘사하고 표현하는지를 분석하는 개념이다. 이는 미디어 텍스트가 현실을 그대로 반영하기보다는 특정한 방식으로 선택, 구성, 왜곡하는 과정을 통해 재현된다는 점에 주목한다. 이러한 재현 방식은 사회적, 문화적, 정치적 의미를 담고 있으며, 미디어 소비자들에게 특정한 인식과 이해를 형성하는 데 중요한 역할을 한다. 그렇기 때문에 재현의 정확성, 메시지가 전달하는 이데올로기와 권력관계, 등장인물들의 문화적 스테레오 타입 등에 대한 분석이 함께 필요하다.

연구 방법에는 다양한 미디어에서 특정 장소를 어떻게 묘사하고 표현하는지 사례를 찾아 분석하는 과정이 포함된다. 이러한 재현은 단순히 장소를 묘사하는 것 이상으로, 그 장소에 대한 특정한 이미지를 형성하고 사회적, 문화적, 정치적 의미를 전달하는 역할을 한다. 미디어는 장소를 단순히 보여 주는 것에서 나아가, 그 장소에 대한 특정한 인식과 이미지를 형성하고 촉진하고 있다. 이는 한 장소의 긍정적 또는 부정적 이미지를 강화할 수 있기에 중첩된 이미지에서도 연구가 필요하다. 이번 파트에서는 영화 속 동일한 장소일지라도 재현한 미디어 텍스트에 따라 달라지는 경우를 살펴보고자 한다. 이는 재현의 다면적 성격을 이해하는 데 도움을 줄 것이다.

재현된 공간을 이해하는 것은 우리가 익히 알고 있는 장소를 표현한 것이라 쉽게 이미지화한 것으로 생각할 수 있다. 하지만 많은 역사적 사건 중에서 왜 특정한 사건이 영화 소재로 선택되는지, 특정한 하나의 장소가 어떻게 전혀 다른 주제를 가진 영화들의 촬영지가 되었는지를 분석하면 단순하면서도 명쾌한 답을 얻게 해 줄 것이다.

인천상륙작전을 재현한 영화에서의 포지셔널리티

작년 정전협정 70주년을 맞아 "인천과 한국사회, 인천상륙작전을 어떻게 기억할 것이가?"에 대한 인천 YWCA 심포지엄에 토론자로 참가했다. 심포지엄에서는 작전 당시 인천의 피해가 컸기에, 인천시가 기념행사를 추진하는 것에 연구자들의 우려가 있었다. 정전 60주년인 10여 년 전에 이미 인천상륙작전을 관광 상품화하여 인천시와 인천관광공사가 추진해 오고 있었다. 이렇듯 우리는 인천상륙작전의 긍정적인 부분을 조명하여 활용하고 있다.

하지만 통일부 북한자료센터 데이터에는 '인천상륙작전'이란 단어는 검색되지 않는다. 북한에서 제작한 한국전쟁 영화 중에서 검색이 가능한 작품의 제목을 추론하여 공통점을 찾았을 뿐이다. 이러한 차이가 지금의 시대를 읽는 길잡이가 되길 바라면서 과거의 장소에서 현재를 물어보고자 한다. 1950년에 인천이 왜 중요했으며 영화 상영 당시(1965년, 1982년, 2016년) 상황을 고려하여, 나아가 현재에도 어떠한 의미를 갖는지를 살펴보도록 하겠다. 동일한 장소일지라도 서로 다른 포지셔널리티를 가진 세 편의 영화를 자세히 들여다보며 이를 통해 알 수 있는 제작자의 포지셔널리티 차이를 살펴보자.

장소 그리고 공간

영화와 지리학을 연결할 때 어떠한 소재가 좋을지 2년여 시간을 탐색했다. '장소'에 집중해야 하니, 장소를 사실적으로 다루면서도 우리가 가장 '공감'할 수 있는 주제는 무엇일까 고민했다. 이 모든 조건을 만족하는 것은 지금과 너무 멀지 않은 역사적인 사건을 소재로 한 영화라는 생각이 들었다. 그렇게 한국전쟁을 소재로 한 영화에 빠져들었다. 한국영상자료원에서 한국전쟁 관련 영화의 데이터베이스를 정리하고 굵직한 영화들을 보면서 사례 지역을 좁혔다. 그리고 전쟁에 참여할 때 카메라를 들고 참여했던 종군 기자들에 관한 이야기를 접했다.

한국전쟁 영화의 경우 1950년대 초기 작품들이 대부분 다큐멘터리에서 시작하여 문화영화[11]에 포함되게 된다는 것을 알게 되었다. 1950년대쯤부터 영화는 기록, 정보에서 더 나아가 미학적, 예술적 의미로 나아갔다.[12] 영화는 도구로 뿐 아니라 다양한 관점으로 해석됐으며, 1990년대부터는 국내 지리학에서도 『영화 속의 도시』(1999)를 통해 각국의 도시를 설명하였다. 주제를 한국전쟁으로 정한 데에는 '공감과 사실을 가장 잘 표현한 것을 찾으려면 역사적 소재가 좋을 것'이라고 조언을 해주신 멕시코 꼴리마대학교 임수진 교수님의 덕택도 있었다.

한국전쟁 영화를 한국영화데이타베이스(KMDb)에서 검

색하여 정리하고 사례 영화를 좁혀갔다. 한정된 지역을 찾아보고자, 섬은 어떨까를 떠올리며 영화 〈그 섬에 가고 싶다〉(1993)를 보거나, 점유지대는 어떨까 하는 궁금증을 안고 〈비무장지대〉(1965) 등의 영화들을 영상자료원에서 보았다. 박사논문 프로포절 이후, 인천상륙작전으로 제한하고 난 다음에는 국립중앙도서관 북한자료센터에서 북한 영화 〈월미도〉(1982), 한국예술종합대학에서 미국 영화 〈오! 인천〉[13](1982)을 비교해 가면서 보았다. 지금은 저작권 보호기간이 만료되었지만, 1965년 영화 〈인천상륙작전〉을 보기 위해 저작권위원회를 통해 저작권자를 찾기도 했다. 이런 과정을 통해 의미있는 남과 북의 영화를 고르고, 박사논문을 작성했다. 그리고 시간이 흘러 2016년 영화 〈인천상륙작전〉을 만났다. 이렇게 많은 전쟁과 갈등 장면들을 볼 것이라는 생각을 미처 하지도 못한 채 달리는 기차 안에 뛰어들었다.

달리는 기차 안이라고 표현한 것은 이미 이전 지리학자들이 저술한 『영화 속의 도시』(1999), 『영화 속 지형 이야기』(2007) 등과 같은 책들이 있었기 때문이다. 또한 한국 영화는 쉬지 않고 성장해 가고 있었기 때문에 영화 지리의 지식 체계에 편입해 나머지 단추를 끼운다는 것이 큰 무게감으로 다가왔다. 하지만 첫걸음을 떼었다. 영화와 관련된 도서, 논문 등을 요약하는 동시에 영화를 설명하는 개념어부터 시작하기로 했다. 『The Dictionary of Human Goegraphy』(5th), 『문화이론 사전』(2012), 『영화사전』(2012)을 함께 추가로 살펴보았다. 선지식을 정리하며 따라가다가 포지셔널리티를 만났다. 10여 년이 지났지만, 그 시기의 기억이 또렷하다. 그사이 반공 이데올로기에 중점을 둔 1965년의 영화 〈인천상륙작전〉과는 달리, 개인사에 초점을 둔 2016년에 〈인천상륙작전〉이 개봉되었다.

인천상륙작전은 1950년 6월 25일 한국전쟁이 발발 이후, 낙동강까지 전선이 형성되었던 시기에 성공의 확률이 희박했지만, 조수간만의 차가 커서 항해가 어려운 비어 수로를 뚫고 9월 15일에 한반도의 허리를 찌르는 공습으로 기억한다. 그리고 영화로는 1965년의 〈인천상륙작전〉, 1982년의 북한 영화 〈월미도〉, 그리고 2016년 정전협정 날인 7월 27일에 개봉한 〈인천상륙작전〉이 남아 있다. 냉전 시대에 이데올로기 격차가 클 때, 1960년대의 〈인천상륙작전〉과 독재체제 유지를 위해 집단으로 영화관람을 했던 1980년대의 〈월미도〉, 그리고 신념과 종교를 구분했던 2010년대의 〈인천상륙작전〉을 참고하였다. 인천상륙작전은 한국전쟁을 소재로 한 영화에서 전환점을 제시하는 주요 장면으로 자주 등장한다. 참고로 최초 미국의 한국전쟁영화는 〈This is Korea〉(1951)로 남아 있다.

영화 밖 장소라 어렵게 구분한 것은 영화 속처럼 영화 자체의 내용이 아니라, 외부에 관한 내용이 있기 때문이다. 영화 밖 장소는 영화가 촬영된 실제 로케이션에서 영화를 관람하는 현실 세계까지를 포함한다. 맹점은 실제 촬영지가 영화에서 의미하는 공간과 항상 일치하지는 않는다는 점이다. 내부 스튜디오 촬영에서는 편집과 컴퓨터 그래픽의 도움으로 녹색 배경이 멋진 설산이 될 수도 있고, 외부 실제 촬영지 또한 경제적, 사회적 여건에 따라 정해지게 된다. 예를 들어 〈월미도〉는 인천의 한 곳을 재현하지만 실제 촬영 장소는 북한이라는 차이점과 영화 속에서 그리고 싶은 1950년의 인천은 두 작품의 〈인천상륙작전〉과도 또 다른 의미라는 것이다.

그리고 영화를 관람하는 실제 세계는 해당 영화를 보았는지 여부와 장소에 거주하고 있는지 방문했는지까지를 다 포함하게 된다. 왜냐하면 인천상륙작전은 우리가 대충의 윤곽을 공유하고 있는 사건이다. 게다가 9월이면 교양프로그램에서는 정전 중인 상황을 배제하고 승전으로 포장하여 방송한다. 이를 매해 되풀이하면서 우리는 그 성공에 관람자로 참여하게 된다. 현실은 인천상륙작전이 성공했다는 결과만을 확인시킬 뿐이다. 하지만 한국전쟁 발발의 원인을 알기 위해 광복 이후 불안했던 국내 상황과 냉전의 국제질서가 살벌했던 러·중·미 관계를 되돌아볼 필요가 있다. 당시 미국의 파견군은 제2차 세계대전 이후 본국으로 송환되는 과정에 있었기에 한국에 주둔한 미군의 수가 적었다. 한국전쟁 발발 이후에 일본에 있던 맥아더 장군이 헬리콥터를 타고 서울 상황을 살피는 것으로 상륙작전이 시작된다.

영화는 현실의 세계를 데이터화하고 있다. 자료화면으로 종군기자들이 촬영한 사진이나 동영상을 볼 수 있기 때문에 역사나 과학 같은 사실을 설명할 때도 영화가 자료로 제공되기도 한다. 반대로 역사적 사건을 소재로 한 영화의 경우 실제 과거의 기록을 삽입하여 활용하기도 한다. 현재에 영화는 과거의 기록 혹은 미래의 모습을 가상화한다. 1983년 이산가족 찾기로 처음 서로 만난 놀라움이 영화에도 전해지게 되고 이러한 예가 영화 〈길소뜸〉(1986)에 잘 나타난다. 국제질서 변화에 따른 1985년 고르바초프의 등장에 이어 1990년 독일 통일 등의 영향으로 전쟁의 경험과 기억은 점점 옅어지고 제작자 세대 또한 전쟁을 경험하지 않은 세대로 바뀌게 되었다. 1980년대부터는 분단상황을 도구적으로 접근한다. 1980년대 민주화의 물결로, 분단 상황을 성찰하여 영화를 사회운동의 흐름에서 해석하게 된 것이다. 한미협상을 통한 한국 영화 개방으로 1985년 제1차 한미협상 결과가 제6차 영화법 개정을 구체화되며, 영화 시장 개방으로 한국 영화사들과 외국 영화사들이 경쟁체제에 들어선다(안지혜, 2005). 1980년대 이후의 한국전쟁 영화에서는 주제를 다루는 접근에서 개인사를 통해 세대를 아우르거나, 현재의 현상에서 연관된 문제를 다루었다.

미디어 배양 이론

미디어 배양 이론으로 유명한 커뮤니케이션 이론가 조지 거브너[14]를 『Geographies of media and communication』(2009) 책에서 접하게 되었다.[15] 미디어 배양 이론(The Cultivation Theory)은 대중매체가 묘사한 현실이 실재하는 현실과 다르지만, 수용자는 대중매체가 제시하는 현실을 그대로 믿게 된다는 것이다. 폭력과 관련해 폭력성이 표현된 미디어에 대중이 노출되면 그 공포심은 실제보다 크게 배양되고, 그 결과 사회적 통제는 이전보다 더욱 강력해진다는 것이다. 미디어를 볼거리와 시연의 장치로 보았던 「전쟁과 영화」[16]와 다르게, 거브너는 미디어에서 접하게 되는 죽음과 폭력에 대한 묘사를 비판하였다. 텔레비전에서 죽음이 보여 주는 상징적인 작용은 힘을 의식적으로 증명해 주는, 폭력의 구조에 뿌리를 둔다. 미디어에서 죽음의 상징적인 의미는 한편으론 연출된 내용이 포함되기 때문에 그 자체로 특별한 의미가 있다. 전쟁 영화가 전쟁의 원인보다 〈라이언 일병 구하기〉(1998)처럼 영화에서 무음으로 처리되면서 총격전을 벌이는 가운데 느껴지는 심리적인 공포 등이 표현되어 전쟁에 대한 경각심을 일으킨다.

전쟁을 대하는 방식

한편으로 영화에서 보이는 생존자에 대한 묘사는 사실적이다. 어떤 역경을 겪었는지, 낮은 확률로 어렵게 살아남게 된 과정은 어떤지, 트라우마가 생긴 건 아닌지를 자세하게 묘사한다. 이러한 장면들이 한편으로는 역사적 사건을 보여 주기식 영화로 치부하기도 한다는 것이 안타깝지만, 실질적으로는 생명의 고귀함을 역설하고 싶은 건 아니었을까 싶다. 전쟁 영화를 보다 보면 '강한 자만이 살아 남는다'라는 것을 느낄 수 있다.

2024년에도 전쟁은 전세계 여기저기서 일어나고 있고 러시아와 우크라이나 전쟁, 이스라엘 하마스 전쟁 등은 뉴스에서 전쟁의 실상을 보여 주기도 한다. 뉴스는 최대한 전쟁의 참혹상을 절제하고 일어난 사실만을 전달해 주지만 우리도 모르게 전쟁 뉴스에 길들여진다. 미국과 유럽은 한국전쟁 당시에도 집에서 텔레비전으로 전쟁 상황을 볼 수 있었기에, 종군 기자와 참전용사들의 기록이 다큐멘터리 영상으로 많이 남아 있다. 하지만 한국은 점차 전쟁을 경험하지 않은 세대로 넘어가고 있고 우리가 정전 중인 것을 잊고 산다. 전쟁 뉴스도 국지전이길 바라는 마음을 잠시 가질 뿐, 한 번 보고 잊어버리게 된다.

노르망디가 올해 상륙작전 80주년을 맞아 축제를 벌이고 있다 하더라도, 종전국가 프랑스와 다른 정전국 한국은 구별된다. 영화 밖 장소는 실제 장소로 인천의 역사를 담게 된다. 인천은 한국에서 문호가 가장 먼저 개방되었던 곳, 만국공원(현 자유공원)에서 내려다보이는 여러 나라 조계지가 위치한 곳, 인천항을 통해 재외동포들이 한국을 떠났기에 한국이민사박물관이 있는 곳, 인천국제공항이 위치한 곳, 수도 서울과 가장 가까운 항구로 함께 기억하고 있기 때문이다.

인천상륙작전의 전개 과정

1950년 한국전쟁 두 달여 만에 속수무책으로 낙동강 전선까지 남한이 함락되었었다. 일본에 있었던 맥아더 장군(MacArthur, Douglas)은 미군이 참전하게 되면서 한강 변을 시찰한 다음 7월 초부터 9월 15일을 위한 작전 계획을 짜게 된다. 맥아더 장군이 참모장 알몬드(Almond, Edward M.) 소장에게 하달한 "서울에 있는 적군의 병참선 중심부를 타격하기 위한 상륙작전계획을 고려하고 상륙지점을 연구하라."는 지시와 더불어 계획이 발전된 것으로 맥아더의 참모부장 라이트

(Wright, Edwin K.) 준장이 지휘하는 극동사령부 예하 합동전략기획작전단에 의해 7월 3일에 '블루 하트' 작전으로 입안되었다. 7월 첫 주 맥아더 장군이 인천, 군산, 해주, 진남포, 원산, 주문진 등 해안지역을 상륙대상지역으로 검토하고 크로마이트(Chromite)라는 이름으로 인천상륙작전, 군산상륙계획, 주문진상륙계획 등 3개 안을 준비했다.

인천 항로는 비어 수로(flying fish channel)[17]로 협소하고 대규모 함대가 정박하기 어렵다는 자연적인 난제가 있었다. 그러나 맥아더 장군은 인천과 서울 간 접근성과 한국 교통로 차단의 용이함을 주장하며 인천상륙작전을 내세웠다. 결국에는 인천에 대한 방비가 허술하다는 허점을 이용하여 상륙작전을 기습하였다(국방군사연구소: 1995, 김홍영, 2009). 인천은 한국 제2의 항구도시로서, 당시 북한군의 교통 및 커뮤니케이션 센터로 활용되고 있었다. 또한 격전지인 낙동강 전선과 떨어져 있었다. 이 작전이 성공하여 북진이 가능했던 것은 서울탈환과 낙동강 전선의 소진이 도미노로 이어져 한국전쟁의 전세를 바꿀 수 있었기 때문이다.

한국전쟁 당시 연합군은 1950년 8월 말부터 9월 초에 걸쳐서 면밀히 인천~서울 간 항공기 정찰을 실시하여 기만작전으로 9월 9일 철도망(원산~서울 간 경원선, 영양~서울 간 경의

선)을 폭격하였다. 또한 영화 〈장사리: 잊혀진 영웅들〉(2019)에 도 나왔듯이 장사리 전투에서도 인천상륙작전을 위한 양동작전으로 동쪽에서 학도병들의 지원이 있었다. 9월 12일부터 미국의 폭격이 다시 진행되었는데 동해안 영덕과 서해안 군산 공격이 함께 이루어졌다. 월미도에는 약 400여 명의 북한군이 저항했으나, 연합군이 대부분 점령하였고 상륙작전 이후 병상들이 이탈하거나 물러서게 되었다(박명림, 2002). 그 이후 13일 만에 서울 함락을 하는 과정에서 남한 지역의 북한군을 토벌했다. 그 기간에 북한군을 모두 정벌한다는 것은 어려운 일이었고, 도망가지 못한 북한군들은 산으로 올라가 빨치산이라고 하였고 '남부군'이라는 이름으로 재편되었다. 인천을 북한도 쉽게 자리 내주었다는 것(박태균, 2005)은 한국전쟁 초기 1950년에 한반도를 휩쓴 많은 수의 피해가 있었다는 점이다.

15일 새벽에 월미도 상륙이 이루어졌다. 월미 언덕에 연합군은 성조기를 계양했고 월미도를 얻었다. 작전상 편의로 지정한 월미도 근처 녹색해안이 첫 번째 단계이다. 썰물로 갯벌이 드러나자, 두 번째로 적색해안이라 불리는 월미도–방파제 사이를 진입했다. 이때 해안의 두 언덕(천문기상대 언덕, 영국 영사관 언덕)과 월미도 남쪽까지를 에워싸는 것이 중요했다. 이후 청색해안까지 차지한 후에 인천 남부까지 진격하게 되었다. 청색해안 지대는 넓은 갯벌과 염전을 위한 제방으로 해안선은 넓지만 공격하기 어려운 목표 지점이었다. 수륙양용차가 지원 세력으로 전차상륙함에서 들어선다. 인천의 요새적 성격이 강화된 이 언덕에서는 참호, 동굴, 포좌로 덮여 있고 넓은 시야를 확보할 수 있었다.

동일한 장소, 영화마다 다른 관점

인천상륙작전은 성공을 기념하는 이에게는 성공적인 작전이다. 하지만 그곳에 살았던 인천시민이나 한국의 일부를 잠시 점령했던 북한 입장에서 보면 다른 대답을 하게 해 준다. 한국전쟁 영화에 대한 사례 조사 후, 지도교수님이신 이정만 선생님과 박사논문 사례지역을 정하다가 인천을 해 보는 게 어떠한지 생각해 보게 되었고 실제로 촬영된 영화가 많지 않다는 것을 알게 되었다.

한국전쟁 소재 영화에서도 변곡점으로 인천상륙작전이 가끔 등장하지만 1950년 9월 15일만을 영화화하기란 쉽지 않다. 전개 내용에 따라 이데올로기가 극명하게 나타나기도 하고, 선동의 의미로 오해받을 수 있기 때문이다. 본 책에서는 이렇게 이데올로기 편향성이 반영된 영화들을 분석하기 위해서 포지셔널리티를 제시해 보고자 한다. 포지셔널리티는 개인의 속성과 대상에 대한 해석에 주관적 편향성을 반영하여 형성된 편향성을 의미하기에, 제작자에서 비롯된 포지셔널리티를 분석해 보고자 한다. 이러한 시도는 역사적 사건으로 알려진 장소의 미디어 공간을 이해하는 데 도움이 될 수 있다.

〈인천상륙작전〉에서 상륙군 관점

1965년 〈인천상륙작전〉은 한국전쟁에 참가했던 참전 군인 편거영[18]이 극본을 썼다. 또한 조긍하 감독은 〈인천상륙작전〉을 만들면서 고심했다고 한다. 남주인공 배우 신영균과의 인터뷰로 알 수 있듯이 당시 특수촬영을 할 수 없었던 실정이라 실탄을 쏘며 목숨을 걸고 촬영에 임해야 했기 때문이다. 오래된 영화이지만 당시 유행했던 007류의 첩보영화 스타일로 긴박함이 느껴지고 극본가가 통신장병이었던 경험이 영화에 잘 표현되어 있다. 흑백영화로 남아 있는데다 1960년대 우리나라의 야산은 벌거숭이였기에 마치 전쟁시기로 돌아간 것처럼 느껴질 정도이다. 영화 후반부 월미도로의 진입을 제외하고는 낙동강 전선과 부산 일대에서 사전 작전 모의과정을 재현한다. 실제로 상륙지가 인천이라는 것을 숨기기 위해 서로 첩보 활동이 있었고, 이를 극적으로 재현했다.

한국 영화주식회사에서 제작한 〈인천상륙작전〉은 2005년

대만어 자막에 영어가 녹음된 대만영상자료원 수집본을 한국영상자료원에서 기증받아 한국영상자료원에서 열람할 수 있다(한국영상자료원 자료부). 팔미도탈환을 시작으로, 경쾌한 음악과 함께 육지로의 진입을 보여 주는 것은 1965년 당시에 시대이념이었던 반공 이데올로기 입장에서 수세에 몰렸던 전쟁이 전환되는 계기를 나타낸다. 후방의 야전병원과 댄스클럽이 있었던 부산에서의 첩보 활동은 현실적인데, 이는 실제 한국전쟁 참전 군인이 시나리오를 작성했기에 가능한 것으로 보인다. 팔미도 수호 과정과 상륙지점 K를 기만작전으로 성공하게 하는 것이 주요 내용이다. 영화에서는 인천상륙을 시작한 이후에 10여분 정도 후반부에 격전이 이루어진다.

1965년의 한국정세는 냉전체제 아래에 있었다. 한국 정부는 한일회담과 베트남 파병으로 한국, 미국, 일본의 반공전선을 강화하겠다는 의지로 명확한 대결구도를 선택한다. 그해 소련의 코시간 수상이 북한을 방문하였고, 중국문화대혁명으로 중소 관계에 긴장감이 고조되고 있었다. 1965년의 경직된 분위기는 영화에 고스란히 전달된다. 전쟁의 반격을 가하는 상륙군 관점에서의 반공 영화는 인천이 영예로운 장소로 기억된다. 그러한 분위기의 한국에서는 1965년에 한국전쟁 영화 13편이 개봉했다. 영화 〈남과 북〉, 〈나는 죽기 싫다〉를 이어, 휴전 후 처음으로 비무장지대에서 촬영한 반(反) 기록 영화 〈비무장지대〉, 〈북에 고한다〉까지 제목에서도 명확히 드러난다.

〈월미도〉에서 방어군 관점

통일부 산하 북한자료센터에서 '인천상륙작전'을 키워드로 검색해 보면 자료가 없다. 북한에게는 인천상륙작전이라는 단어는 인정할 수 없는 전환점이었다. 1982년 영화 〈월미도〉가 제작되었던 시기는 김일성 생일 70주년 행사를 준비했던 시기이다. 또한 김정일은 「영화 예술론」(1973)이란 책을 저술할 정도로 영화에 관심이 많았고, 김씨 일가의 체제를 수비하는데 북한 영화가 동원되었음을 알 수 있다. 반면 한국에서는 1982년 부산 미문화원 방화사건을 시작으로 반미구호가 내걸리면서 학생 운동세력들이 반공 및 안보 이데올로기에 문제제기를 시작하고 있었다. 대통령 또한 당시에 국정연설에서 '민족화합 민주통일방안'을 발표했고, '남북한 기본 관계에서 관한 잠정협정'을 체결할 것을 북한 측에 제의한 바 있었다.

냉전의 물결이 새로운 전환점에 접어들고 있는 반면에 이데올로기를 이용한 독재체제를 수호하기 위해 북한에서는 〈월미도〉와 같은 영화로 그들에게는 잊혀진 영웅들을 화면에 소환했다. 국립중앙도서관 북한자료센터에서 허락되는 북한 영화

임에도 불구하고 CD표지에는 실제 월미도 피해의 흔적이 남았고 이러한 점은 국내에 있는 인천상륙작전의 피해자나 북한실향민에게 반향을 일으킨다. 북한에서 제작된 영화는 체제수호를 위해 만들어졌기 때문에 집단상영, 교화를 목적으로 반복 상영한다. 그런 경우가 누적되어 이 영화는 흥행보다 홍보 용도로 북한 내 관람 영화 5위 안에 드는 순위를 기록한 바 있다.

〈인천상륙작전〉에서 첩보부대 관점

2016년도에 개봉한 인천상륙작전이라는 제목의 동명 영화인 〈인천상륙작전〉(Operation Chromite)은 휴전일인 7월 27일에 개봉하였다. X-RAY 작전을 수행하다 전사하신 임병래 중위, 홍시욱 하사 외 15인 대원들과 켈로 부대원들에 관한 실화에 북한에서 남한으로 넘어온 장학수라는 인물을 허구적으로 설정하여 이념적 대립이 종교, 사회, 계급 간에 어떤 의미를 갖고 있는지를 물어본다. 인천상륙작전이 한반도의 공산화를 막은 것은 확실하지만 얼마나 많은 희생을 치르고 얻은 값인지를 다시금 생각하게 하는 부분이다. 38선으로 나뉜 이념적 대립이 분쟁의 씨앗이 되었고, 제2차 세계대전 이후 팽팽했던 긴장 관계가 한반도에서 화약고를 터뜨린 것이다. 그 이후 70여 년이 지났고, 여전히 휴전 상황이다.

이북 출신 남한 측 첩보원 장학수는 첩보원으로 선발되기 위해 맥아더와 만나는 장면이 있다. 이 장면에 사용된 기법은 영화에서 자주 사용하는 '플래시백'이다. 영화적 기법의 하나인 플래시백은 시간상으로 등장 인물의 인생의 앞선 시기로 되돌려 이야기하는 것을 말한다. 기억과 역사, 즉 주관적인 진실을 표현하는 영화적 재현이다(수잔 헤이워드, 2012). 시간의 흐름에서 벗어나 서사구조를 한 번 비틀어 보게 하는 것이다. 이는 관객이 영화의 주제나 메시지를 비판적으로 받아들이게 한다. 감정적 몰입보다는 지적인 접근을 유도함으로써, 영화가 전달하고자 하는 메시지를 더욱 강력하게 전달할 수 있다. 첩보부대원들은 북한군과의 생활을 경험해 보았기에 자유 진영의 남한이 누리는 수혜가 얼마나 큰지를 곱씹게 하는 부분으로 의미가 포지셔닝 되었다. 이데올로기의 대립 사이에서 갈등하기보다는 이미 두 진영을 경험한 주인공이 자유 진영의 합리성을 확인하게 준다. 휴전일이 지난 후에도, 그러한 믿음은 더 견고해지고 혼란의 시기는 멀어져간다.

인천 외에도 한국전쟁에서 주요하게 다뤄진 영화 속 장소들이 있다. 3년여간의 한국전쟁에서, 장소를 다루게 되면, 배경으로 전쟁 시점을 알 수 있을 뿐 아니라 제작 당시의 쟁점을 파악해 볼 수 있다.

첫 번째, 싸움의 치열한 전장(戰場)이다. 영화 속 전장은 하천, 임야, 산, 바다, 도시 및 촌락 등이다. 반공 이데올로기를 대변하는 '용감한 전투와 빛나는 희생, 영광스러운 개선'(서동수, 2010)으로 진격과 전장이 확장되며 폐허가 되어가는 마을이 등장한다. 전장 위치를 알게 해 주는 산, 바다, 마을 등의 이름은 이동 경로와 갈등 관계를 이해하게 해 준다. 예로 동부전선 고지에 대한 〈고지전〉(The front line)(2011)은 가상으로 설정한 애록고지에서 정전협정 과정과 휴전 이후 전투를 재현한다. 한국전쟁의 초반에 한반도를 가로지르면서 벌인 전쟁이 아니라, 전쟁이 발발한 1년 반 후부터 1953년 7월 27일 정전협정까지를 다루어 치열했던 이념갈등을 다시 소환해 준다.

둘째, 수도 서울이다. 한국전쟁 발발 후 삼 일 만에 서울이 함락되고 수복되기까지 석 달 정도 북한군을 경험한다. 잔류파 문인들은 부역의 불가피성과 북한군 통치하의 체험을 생생히 전달한다(서동수, 2010). 한강대교 폭파에서부터 수복 전까지 서울은 후퇴와 진격의 상징적인 교두보 역할을 한다. 또한 피난민에게 서울은 전쟁 이전의 고향에 대한 그리움을 상징한다. 〈태극기 휘날리며〉(2004)에서 서울은 두 형제의 전쟁 이전 삶을 회상하는 매개체로 표현된다.

셋째, 후방에서 전쟁을 경험하지 않은 부산이나 전쟁 초기

피난시기 대구 일대이다. 밀려온 피난민, 군부대의 입지로 전장의 치열함과 대비되는 도시의 활기가 재현된다. 〈내가 마지막 본 흥남〉(1984)에서도 흥남에서 철수한 피난민의 생활이 부산을 배경으로 펼쳐진다. 또한 인천상륙작전 이전 전선이 치열했던 대구이다. 〈태극기 휘날리며〉에서 대구는 피난을 가던 두 형제가 군인으로 징용되던 장소이다. 영화 속 대구역사는 전쟁 중에도 기차가 활용되어 있었음을 보여 준다. 또한 낙동강 전선 일대를 표현해 왔는데 〈포화 속으로〉(2010), 〈장사리: 잊혀진 영웅들〉(2019) 등에서 인천상륙작전 쯤 후방에서 있었던 지원작전에 대한 영화가 있다.

넷째, 지리산권역이다. 휴머니즘 반공 영화라 명명되는 빨치산 영화는 〈피아골〉(1955), 〈남부군〉(1990), 〈태백산맥〉(1994) 등으로 그 명맥을 잇고 있다. 〈피아골〉에 대해 이강천은 산속에서 빨치산이 동고동락하며 그들의 이념이나 주장이 얼마나 현실과 유리되어 있고 비인간적이고 부조리한가를 깨닫게 된 데 주제를 두었다고 밝힌 바 있다(김권호, 2005: 112, 이강천 인터뷰 재인용). 이강천은 이 영화에서 전북경찰국 공보실 과장으로 재직 중이던 김종환의 시나리오를 영화 제작에 반영하였다. 반면 〈남부군〉은 실제 빨치산 활동을 체험한 이태의 원작을 바탕으로 만들었다(김권호, 2005). 이들 영화는 인천상륙작전으로 인해 북으로 이동하는 육로가 막혀 산에 고립된 빨치산들의 활동을 보여 준다.

다섯째, 전쟁과 분단으로 인해 실향민이 잃어버린 공간이다. 남북대화시기 제작된 〈내가 마지막 본 흥남〉(1984), 〈길 소뜸〉(1985) 등으로부터 남북화해시기에 제작된 〈간 큰 가족〉(2005), 〈만남의 광장〉(2007) 등으로 이어지며 잃어버린 공간에 대한 애착을 드러낸다. 대화 분위기에서 제작된 그리움의 공간은 화해 분위기에서 구체적으로 구현된다. 평양을 재현한다거나 소통 공간으로서의 땅굴을 통해 남북이 연결된 민통선 마을을 설정하여, 분단으로 잃어버렸던 공간을 보여 준다. 이 영화들에서는 이산가족 상봉을 통해 현재의 행복을 이끌어 낸다. 이는 주체사상의 영향을 받아 작위적으로 구현된 〈월미도〉의 북한지역 고향이 주는 정서와 구별된다.

여섯째, 인천상륙작전 이후 체류했던 북한지역이다. 〈원산공작〉(1976)에서는 원산상륙작전에서 첩보부대가 세균전을 준비하여 원산에 들어가게 된다. 영화에서는 원산으로의 상륙을 단계에 걸쳐 시도한다. 〈태극기 휘날리며〉에서는 평양에서 시가지전을 벌인다. 북한 영화 〈적구 도시에서〉(1966)는 중국 참전으로 북에서 남으로 내려오기 전 연합군에 포함되었던 시기를 재현하며 도시에 잔류해 있었던 자유 진영을 보여 준다.

한국전쟁 영화는 진영 간 체제수호를 기저에 두고, 지배체제 집단의 이데올로기를 반영해 왔다. 이는 주제 선택 시에 전쟁을 촬영할 만한 장소를 섭외하고, 허가를 받고, 영화화하는 과정에서 전투장면을 재연할 때 환경을 훼손해 가면서 영화를 제작해 왔기 때문이다. 따라서 한 편의 영화를 촬영하는 데도, 정부의 협조와 도움은 물론 제작자의 체계적인 준비가 필요했다. 예를 들어 할리우드의 경우는 NASA에서 새롭게 개발된 제품이 있는 경우, 이를 영화로 구현해 보여 주기도 했다고 한다.

한 장소에서 촬영된 영화들의 장소이미지

지리학과 답사에서 우연히 '영화의 고향을 찾아서'라는 표지석을 보게 되었다. 이에 대해 찾아보니, 한국영상자료원에서 2002년에 동일한 제목의 책 「영화의 고향을 찾아서」가 발간되어 있었다. 이를 눈여겨 보다가 여러 영화가 촬영되었던 장소를 선택하던 중 영화 〈화엄경〉(1993)의 촬영지로 알려진 제주도 우도를 알게 되었다. 제주도 북제주군 우도면은 날씨를 고려해 이동해야 하는 섬 중의 섬이다. 또한 우도는 청량한 바다와 이국적인 느낌의 돌섬으로 천혜의 자연환경을 자랑한다.

그 이후로도 우도는 〈시월애〉(2000), 〈인어공주〉(2002), 〈깃〉(2005), 〈연리지〉(2006), 〈사과〉(2008)의 촬영지로 알려졌다. 우도는 제주도 북제주군 우도면 섬 속의 섬이다. 제주가 아닌 지역에서라면 비행기를 타고 나서 또다시 배를 타고 입도해야 하는 곳인데 이렇게까지 찾는 이유가 무엇인지, 여러 영화의 촬영지로 선택된 이유를 살펴보았다.[19]

촬영지 제주도 북제주군 우도면

먼저 스튜디오가 아닌 현지 촬영지로서 〈화엄경〉, 〈시월애〉, 〈인어공주〉를 이야기하고자 한다. 영화의 장르에서 비롯된 특성이 장소 선택에도 영향을 줄까를 함께 살펴보면서, 우연히도 이 세 편의 영화가 판타지 장르에 속한다는 것을 알았다. 장르에는 관객과 영화 제작자 간의 공통된 언어가 존재한다. 판타지 장르 영화는 현실과는 다른 상상 속의 세계를 배경으로 하며, 초현실적 사건 등이 주요 요소로 포함된다. 이 장르는 상상력과 창의력을 자극하며, 종종 관객을 일상에서 벗어난 특별한 모험으로 이끌어 낸다. 세 편의 영화 화면 속 우도는 기이한 절경, 타국을 보는것 같은 낯설음이 있다.

세 편의 영화는 모두 '우도'라는 공간을 생각의 전환점이 되는 곳으로 활용한다. 〈화엄경〉에서는 화엄경 구절 "이 세상에 홀로 있는 것은 없다"는 구절과 함께 자살을 시도하는 장소가 우도등대이고, 〈시월애〉에서는 여주인공의 고향으로 자신을 객관적으로 보게 되는 곳이다. 또한 〈인어공주〉는 엄마의 과거로 타임슬립 되면서 섬으로 입도하게 된다. 우도는 전체 영화에서 낯선 장소에 해당한다. 영화 촬영지는 제작자의 인식이 반영되기도 하지만, 시나리오에 맞춰 이미지를 구현하기에 좋은 장소로 선택하게 된다. 세 편 모두 감독들의 인터뷰와 기사에서 나타났듯이 시나리오에 걸맞은 장소를 섭외한 것으로 보인다.

〈화엄경〉은 로드 무비로도 의미가 있어서 영화에서 주인공의 이동이 잦다. 장선우 감독은 한 잡지와의 인터뷰에서 "현실을 보는데 현실 같지 않고 이런 것이 원래인데, 모르죠. 의도가 살지 안 살지. 길에서 커간다는 것을 너무 노골적으로. 그래서 앙상해 보였을 거예요. 너무 강요하는 것처럼 보였을 거예요."라며 의도적으로 공간 이동을 염두에 두고 영화를 제작했다. 〈시월애〉의 이현승 감독은 심층 인터뷰에서 "시나리오의 이미지인 넓은 잔디, 푸른 바다, 하얀 모래의 해수욕장 모두를 충족할 수 있는 곳이 우도였죠."라고 말했듯이, 우도의 경관에 의미를 부여했다. 마지막으로 〈인어공주〉에서 담당 진희문 PD의 경우는 "주인공 해녀가 살 것 같은 무대를 찾기 위해 남해안 근처의 섬과 제주도 인근을 박흥식 감독님과 돌아다니다 우도를 선택하게 되었죠. 영화의 설정시간이 과거였기 때문에 미개발 지역으로 찾게 되었고, 영화에서 필요한 민가, 좁은 돌담길, 푸른 바다가 충족되어 우도를 선택하게 되었죠."라고 밝혔다(장윤정, 2005). 각 영화는 시나리오에서 원하는 장면을 연출하기 위해 제작자들이 찾기 시작하였고, 절벽, 서빈백사 해안, 검멀레 해변의 자연환경과 어울리는 낮은 건물, 돌담, 흙길 등의 인문환경이 시나리오의 필요조건을 충족시킨다. 섬 속의 섬은 이동이 쉽지 않기에 고유한 특징이 잘 보존되어, 본 섬과 구별되는 경관이 유지된다.

장소 이미지

장소 이미지는 장소에 대한 개인이나 집단의 심리적, 감정적, 인지적 반응과 연관된 개념이다. 장소 경험을 통해 장소 이미지를 얻게 되고, 그 형상이 서로 각기 다르기 때문에 다양한 요인에 의해 형성되고 변화한다. 캐나다 지리학자 에드워드 렐프[20]는 『장소와 장소상실』(2005)에서 인문지리학 관점에서 장소 이미지를 구분한다. 렐프는 개인·집단·대중의 장소 이미지로 나누어 정의하였다. 개인적 장소 이미지는 개인의 경험, 감정, 기억, 상상, 현재 상황, 의도들이 혼합되어 있기 때문에 사람마다 서로 상이한 장소이미지를 가지고 있다. 개인적 장소 이미지는 비교적 오래 지속되며 사회적으로 합의된 장소의 특성에 영향을 줄 수 있다. 다음으로 집단이나 공동체의 장소 이미지는 개인의 이미지들이 공통된 언어·상징·경험을 통해 사회화되는 과정에서 형성된다. 마지막으로 대중적 장소이미지는 여론을 만드는 사람에 의해 만들어지며 전달된다.

세 영화의 경우는 영화를 통해 장소 이미지를 살펴보는 경우로 대중적 이미지에 속한다. 영화 제작자에 의해 선택된 영상이 보이게 되는데, 같은 장소일지라도 영화마다 시나리오에 따라 다른 의미가 전달된다. 각각의 영화들이 우도에서 보여 주고 싶은 부분이 다를 뿐 아니라 영화 속 시대 배경 또한 다양하다.

〈화엄경〉에서는 구도의 장소로, 〈시월애〉에서는 여주인공의 고향이자 사랑과 낭만이 있는 곳으로, 〈인어공주〉에서는 여주인공 엄마의 어린 시절을 만나게 되는 타임슬립 공간으로 어촌생활과 풍광이 살아있다.

인간주의 지리학자 이푸 투안[21]은 중국계 미국 지리학자이다. 이푸 투안은 공간, 장소의 의미와 인간의 경험에 대해 주목해 왔다. 그는 영화가 소설과 달리 장소의 분위기를 표현할 수 있는 것은 화면의 색깔과 소리라고 지적했다(투안, 2003). 영화에서 선명한 색깔의 표현은 관객에게 무의식적으로 전체적인 분위기를 전달해 주는 중요한 역할을 하는 것이라고 했다. 우도의 맑고 푸르름과 잔디밭, 검은 돌담과 좁은 골목길은 시나리오가 원하는 색채를 전달하기에 적합한 것으로 보인다. 한편으로 자연은 시간은 흘러가지만 변하지 않는 모습을 보여 주기 위해 보여지기도 한다. EBS "씨네투어 – 영화 속으로"에서 '사랑과 공간에 관한 時, 시월애 편'에서 이현승 감독은 "영화의 중요한 축인 시간을 표현할 때 시간은 흘렀지만, 동일한 장소에서 변하지 않는 모습을 보여 주기 위해 우도에서의 장면이 필요했다."라고 밝혔다. 영화를 보지 않고도 우도에서 전해지는 청량함이 영화를 보고 싶게 하거나, 우도에 여행을 가고 싶게 만든다면 확실히 장소 이미지가 전해진 것이다.

다음카페 영화 동호회 회원들에게 우도에 대한 인상을 물어보면서, 우도 내에서 기억에 남는 영화 속 장면을 선택하게 하는 설문조사를 한 적이 있다. 보이는 이미지, 장면별 제작 의도가 담긴 이미지, 사례 영화의 이미지, 별 의미가 없는 이미지, 기타 의견을 물어보았는데 영화 밖 장소의 인상에 대한 답으로 제작자가 의도한 이미지가 가장 많이 선택되었다. 2004년 석사 논문을 작성할 때 사례 영화(세 영화)를 만날 수 있었고, 영화를 기억하는 관광객과 관람자들을 쉽게 접할 수 있었다. 20여 년이 지난 지금은 다소 생소하게 느껴질 수 있으나 제작자의 인식이 반영된 필름이 시퀀스 내에서 공간을 통해 전개된다(Aitken[22], 1994).

영화 이미지의 내러티브 유형

영화 이미지가 보여질 때 내러티브 결과를 네 가지 유형으로 볼 수 있는데, 유형은 인물의 행동과 환경으로 구분할 수 있다. 평범한 행동과 평범한 환경은 일상생활을 묘사하고, 비범한 행동과 평범한 환경은 등장인물의 행동에 초점이 맞춰있고, 평범한 행동과 비범한 환경은 등장인물의 감정에 초점에 맞춰있으며, 비범한 행동과 비범한 환경은 배경에 등장인물의 감정이 투영되어 있다.

영화 동호회 회원들은 제작자가 의도한 이미지를 가장 많이 선택했고, 촬영지인 영화 밖 장소 중에서 가장 많이 선택한 장면은 행동–감정 일치형 경관이었다. 이것은 영화 속 클라이맥스가 사람들에게 잘 전달된 것으로 볼 수 있다. 특이하게 현지에서 보이는 이미지로 가장 많이 선택된 장면은 일상묘사형 경관으로, 주민의 일상과 풍광의 이미지가 강하게 전달되어 보는 이로 하여금 기억에 남게 한 것으로 보인다.

그 이후에도 우도는 영화 〈깃〉, 〈연리지〉, 〈사과〉의 촬영지가 되었고, 등장인물의 행동 변화를 위해 찾는 장소로 선택되었다. 이 또한 우도의 독특한 풍광이 등장인물들의 심정 변화를 대변하는 장소로 활용되고 있음을 보여 준다. 제작자에 의해 선택된 대중적 장소이미지는 영화를 통해 개인에게 전달된다.[23]

사례 영화의 느낌이 좋은 이유는 영상, 전체적인 분위기가 순서로 선택되었다. 반면에, 영화 음악, 주인공의 상황, 제작자의 의도는 현저히 낮게 나타났다. 영화 속 경관이 오감을 통해 전달되는 것이 아니라 보이는 경관으로 직접 수신자에게 전달된다(Lukinbeal, 1995).[24] 그리고 이때 수신자는 수동적인 입장이 아니라 능동적인 입장에서 내용을 바로 보게 됨을 알 수 있다(Aitken & Zonn, 1994). 영화를 통한 경관 인식은 우도 내 촬영지의 이미지 소비를 부추기고 있음을 고려 해 볼 수 있다. 레오 존[25]은 자신의 사례 연구에서, 호주 영화 〈Storm boy〉(1976)가 한적한 해안의 이미지와 주인공인 소년의 모습을 대비시켜, 호주가 가진 이미지를 잘 표현한 작품이라고 평가하고 있다. 이 영화가 모스크바 영화제를 비롯하여 호주 영화제 등에서 여러 가지 상을 수여받게 되면서 영화의 지명도가 높아지고, 이는 호주에 대한 '단순하고, 조용하고, 고립된' 곳의 이미지를 널리 알리는 데 기여하게 되었다고 이를 주목하였다.

수전 손택[26]은 사회가 현대화되어 가면서 이미지 생산과 소비가 주된 활동으로 되어 가고 있음을 지적하며, 영화가 이미지의 형태의 직접적인 경험의 대체제로 현실 경험 폭을 넓혀주고 있다고 말했다. 의사소통 과정에서 형성된 영화 속 장소의 특성은 사례 영화를 관람한 수신자들에게 영화 속 경관이 인식되어 영화 밖 장소까지 관심을 갖게 한다. 영화 밖 장소의 소비를 요구하는 과정에서 매체의 장소 경험은 장소이미지를 전달하여 현지에까지 영향을 줄 수 있다.

드라마 영화 〈미나리〉가 만들어 낸 노스탤지어

미국에 2020년, 한국에 2021년 개봉한 영화 〈미나리〉에 관심을 갖게 되었다. 이 영화는 1980년대 미국에 이민한 한국 부부에 관한 이야기로 감독의 유년기 시절을 영화화한 작품이다. 이 작품은 정이삭 감독이 한국 유타 대학교에 교수로 재직할 시절인 2018년 여름에 각본을 완성하였다. 이 작품에 대해 주목하게 된 것은 자전적 영화라 사실을 근거로 한다는 점과 드라마 영화로 소재부터 연출까지 많은 사람들이 공감할 수 있는 이야기이기 때문이다. 과연 이 영화가 지리적인 설명이 가능할까? 의문을 가지고 시작했다. 영화를 보면서 자료를 찾을수록 지리적으로 계획된 영화라는 생각이 들 정도로 촬영지에서부터 재현된 영화 속 장소까지 인과관계가 있었다. 그리고 영화를 만든 의도가 포스터에 적혀 있을 정도로 '뿌리내린 희망'이라면 그 근원적인 추진력이 무엇일지 찾고 싶었다.

소설 『파친코』는 〈미나리〉와 같은 맥을 보여 준다. 『파친코』에는 찰스 디킨스의 말을 인용하여 첫 장에 적혀 있는 글이 있다. 이를 옮기면 다음과 같다. "고향은 이름이자 강력한 말이다. 마법사가 외우는, 혹은 영혼이 응답하는 가장 강력한 주문보다 더 강력한 말이다."라고 고향과 모국에 대해 서술하고 있다. 고향이 다를 수도 있고 이민을 가 제2의 고향에 정착했을 수도 있다. 여전히 그리운 고향과 고향을 대표하는 모국은 사무치는 그리움으로 이민자들에게 남아 있을 것이다. 이민 2세대인 정이삭 감독에게 모국(motherland)은 한국이고, 고향은 덴버이다. 그리고 아칸소로 이사를 한 번 하게 되었고, 이사 이후 겪게 되는 변화가 영화로 펼쳐진다.

공교롭게 이민자에 대한 영화들이 최근 들어 주목을 받게 되었다. 영화 〈에브리씽 에브리웨어 올 앳 원스 +〉(2023), 〈엘리멘탈〉(2023) 등이 이주민에 대한 이야기를 다룬다. 하지만 이 영화들에서는 모국에 대한 그리움이나 고향에 대한 정서가 표현되지 않았다. 과거를 회상하는 장면은 있지만 인물관계에 관한 것이지, 장소를 기반으로 어떠한 플래시백도 나타나지 않았다. 이러한 점에 착안하여 영화 〈미나리〉에 전반적으로 나타난 정서, 고향에 대한 그리움이 장소에 대한 그리움으로 인식할 수 있는가에 문제의식을 두고 영화 〈미나리〉에 표현된 노스탤지어를 분석해 보고자 한다. 이를 위해 촬영지 도시들을 살펴보고 도출된 결과를 통해 영화 속 장소로 그려지는 과정을 분석한다. 영화 음악은 물론 미장센으로 배치된 텔레비전이 드라마 영화로 만들어지는 데 어떤 역할을 하였는지, 미디어가 영화 속 장소를 추출하는 데 도움을 줄 수 있는지를 살펴 보도록 하겠다.

영화나 드라마에서 인물들의 '거리두기'[27] 편집은 미디어 장소로 유의미하다.

영화에서는 이야기 무대에 대한 시간과 장소가 설정된다. 배경으로써 특정 시대나 장소가 등장하는 것이다. 따라서 촬영지로 실제 지역에 대한 이해 또한 필요하다. 영화 속 장소는 세팅, 연출 등으로 재현되고 상영된 영화 속에서 내부화 과정을 거쳐 의미있는 장소로 추출된 것이다. 영화 미나리에서 마지막 장면인 미나리 밭은 오클라호마 샌드 스프링스에서 촬영했다(The Oklahoman, 2021).[28] 오클라호마 동쪽은 서쪽과 다르게 온난 습윤하여 미나리가 자라기 좋기 때문에 매도우 레이크 랜치(Meadow lake ranch)의 연못에서 촬영되었다.

영화 〈미나리〉를 선택한 배경

왜 영화 〈미나리〉를 선택하였는가? 이민자에 대한 소재 때문이었는가? 드라마 장르 때문이었는가? 아니면 아카데미상에 여러 분야로 노미네이트되었기 때문인가? 어떤 이유였는지 다양하게 추측할 수 있을 것이다. 영화 〈미나리〉를 선택한 이유를 다음과 같이 설명해 보고자 한다.

〈미나리〉는 국가이동이 잦아진 현대 사회에서 1980년대의 상황을 돌아보게 해 준다. 세대를 거듭하는 이민 세대와 함께 흙, 물, 사람의 뿌리내림이라는 소재가 ‘낯선 땅에 뿌리 내린 희망’을 이해하기에 적합하기 때문이다.”[29]

첫번째 이유는 사실적 재현을 소재로 하기 때문이다. 〈미나리〉는 1980년대를 마치 복원하듯이 생생하게 펼치며, 그 시대 이민자들의 삶을 사실적으로 묘사한다. 이를 통해 관객은 당시의 이민자 생활을 충분히 이해할 수 있다. 두 번째, 드라마 장르의 영화이기 때문이다. 드라마 장르에서는 인물들의 감정 표현에 중점을 둔다. 가족 간의 갈등과 해소를 위해 음악적 장치를 사용하며, 세대 간의 소통을 가능하게 하는 노래와 사운드 트랙이 드라마의 이해를 돕는다. 세 번째, 최근에 이주라는 주제는 국제커플에게 많은 공감을 얻는다. 이 영화는 ‘이주’에 충실히 중점을 두어 이민자 가정이 뿌리내리는 과정을 생생하게 그려낸다. 미국에 이민한 가정, 특히 한국 가정의 정착 과정을 이해하는 데 좋은 예시가 된다. 네 번째, 한국인의 전형적 모습이기 때문이다. 영화 속 가족 구성원은 각기 한국인의 전형적인 모습을 보여 준다. 한국전쟁을 겪은 외할머니, 한국식 농사를 고집하는 아버지, 현실적인 어머니, 묵묵히 가족들 사이에서 자리매김한 큰 딸, 그리고 이주라는 변화에 적응해가는 막내아들 등은 어느 가정에서나 볼 수 있는 자연스러운 구성원들로 그려진다. 다섯 번째, 미나리라는 식용식물이 제목으로 상징적인 의미를 지니기 때문이다. 습윤지역에 자라는 미나리는 벌레와 질병에 저항력이 강하고 생명력이 끈질기며 물을 정화할 수 있다. 영화 속 시냇가에서 자라는 미나리는 강인한 생명력을 전달해준다.

마지막으로 흥미로운 점은 정이삭 감독의 고향이 덴버라는 점이다. 우리가 익히 알고 있는 코리아타운이 있는 동부나 서부의 대도시가 아니라 소도시 덴버에서 태어났다. 그리고 아버지가 한국식 농사를 짓기 위해 아칸소 링컨으로 어린 시절 이사를 갔다는 점이 독특하다. 아칸소 링컨이 영화의 배경이지만 실질적으로 촬영된 곳은 오클라호마주 일대에 있는 다섯 도시와 캘리포니아 시애틀(영화에서 데이비드 고향)을 영화 무대로 선택했다. 사전 조사에서는 구글 검색으로 〈미나리〉에 대한 촬영과정, 상영 후 스포트라이트를 받는 당시 상황, 수상 이후 제작자들의 인터뷰와 웹 신문기사 등을 참고했다. 오클라호마주의 다섯 개 도시의 특성을 살펴보고, 관계된 자료들을 찾아본다. 다음 장에서 밝혀질 선택된 촬영지와 영화 속 장소와의 관계는 지리적 특성을 이해하는 데 도움이 될 것으로 보인다.

촬영지 오클라호마

이제 〈미나리〉의 촬영지로 가보도록 하겠다. 오클라호마

주 다섯 도시에서 촬영되었고, 감독 고향이었던 아칸소가 아닌 이유는 오클라호마주에서 촬영하게 되면 얻게 되는 경제적인 혜택 때문이다. 아칸소와 오클라호마에서는 영화제작사에 세금 감면을 제공하겠다고 했다. 오클라호마주는 35~37%, 아칸소주는 20~30%의 감면을 제공한다(4029 News, 2021).[30] 가장 번화한 오클라호마 시티와 북동쪽의 네 개의 도시가 털사를 중심으로 모여있다. 털사와 브로큰 애로우는 도시이고, 스키아툭과 샌드 스프링스는 빌리지이다.

1830년 앤드류 잭슨 대통령 때에 인디언 추방법이 개정되면서 원주민들은 미시시피강 서쪽으로 이동하기를 명령 받는

표 1. 영화 〈미나리〉 촬영지

도시	지점	장면 설명
스키아툭 (Skiatook)	아칸소 마을	1980년대 분위기 상가
샌드 스프링스 (Sand Springs)	농장	바퀴 달린 집
털사 (Tulsa)	일터	집 밖으로 처음 간 곳
브로큰 애로우 (Broken Arrow)	개울가	외할머니가 찾으신 물
오클라호마 시티 (Oklahoma City)	데이비드 검진 병원	투영된 감독 정체성

다. 이를 거부했던 일부 부족이 1838년 가을과 겨울에 4000명 이상이 사망하면서 눈물의 궤적(Trail of Tears)을 남기게 된다. 이러한 점을 감안하여 오클라호마주에 정착하는 데 도움을 주고자 세금 감면이나 보조금을 주었기에 인디언과의 현지 적응 과정이 장소에 남아 있다.

각각의 도시들은 이주민의 나라, 미국이 정착해 가는 과정을 잘 보여 주는 예이다. 스키아툭이라는 지명은 체로키 인디언 부족장이 1861년 "Big-Indian-Me"의 의미로 지은 것이다. 샌드 스프링스는 정착 당시 1908년에 자선가 찰스페이지가 고아와 과부를 위한 공동체를 만들어 지원하였고 아직까지 그의 이름을 이어받은 학교가 남아 있다. 털사는 석유산업의 부흥으로 부유한 흑인들이 모여사는 그린스트리트가 있을 정도로 흑인 비율이 높았다. 그 곳에서 1921년에 흑인인종차별 사건이 일어나면서 폭동이 일어났다. 브로큰 애로우는 체로키 인디언들이 이주해 오면서 협상과정에서 인디언 한명이 화살을 맞게되고 화살이 부러지는데 이는 지역 이름과 평화의 상징으로 자리 잡게 되었다. 오클라호마 시티는 오클라호마 주도이며 백인들이 몰리면서 도시화가 가속되었다.

이러한 사항은 촬영지를 이해하는 데 도움을 준다. 스키아툭은 영화 촬영 과정을 ABC뉴스에서 보여 주었다. 지역뉴스

가. 〈미나리〉의 촬영지에 대한 스키아툭 뉴스

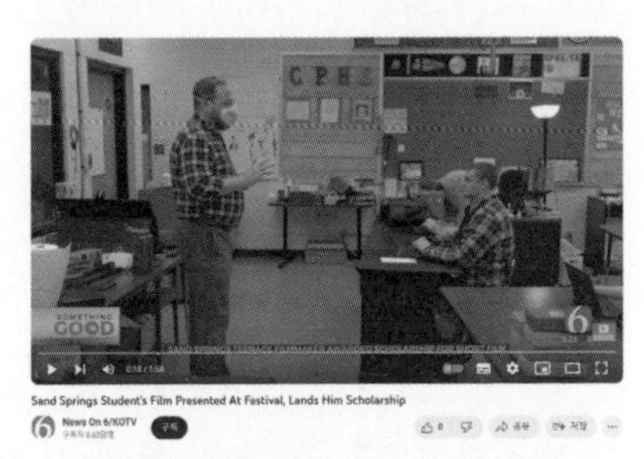

나. 샌드 스프링스 소재 학교 영화 제작에 관한 유튜브

다. 영화 〈Tulsa〉

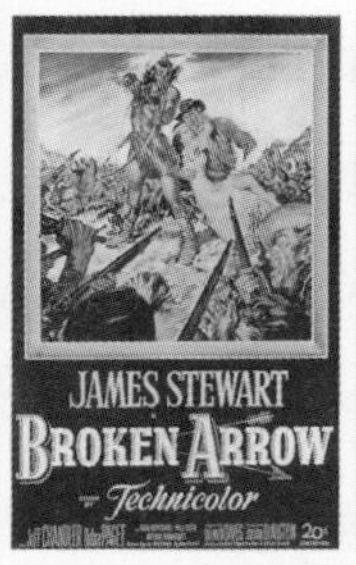

라. 영화 〈Broken Arrow〉

마. 영화 〈Oklahoma City〉

그림 3. 오클라호마 관련 미디어 정보 자료
(출처: 구글과 IMDB에서 검색)

를 통해 소도시가 1980년대 상가 거리를 재현하기에 좋았음을 알 수 있다. 샌드 스프링스 찰스 페이지 고등학교에서는 학생들을 위한 영화제를 준비하는 영화 수업이 있었다. 유튜브에 올라온 결과물은 지역 영화제에 출품하였다. 뉴미디어로써 유튜브 또한, 장소 이미지를 창출해 내고 있다. 털사는 앞서 언급된 인종 폭동과 관련하여 연관된 주제들이 이미 이전에 여러 작품에서 영화화되었다. 소설『파친코』에도 일본에서 영어 공부를 하는 장면에서 영어 회화를 공부하며 서로 털사의 날씨를 물어본다. 이 또한 인종편견지수처럼 도시의 이름 하나만으로 털사의 장소 이미지를 대표할 수 있을 정도로 일반화되었다. 털사는 영화 〈Tulsa〉(2020)와 같이 실화를 바탕으로 서로 병환을 치유해 가는 가족 영화가 있듯이, 흑인 인종차별로 인한 폭동이 있었던 과거의 아픔을 내재한 장소로 기억되어 가고 있다.

브로큰 애로우는 도시 이름으로도 알려지기 전에 핵무기의 우발적인 발사나 폭발 등의 해제를 의미하는 단어로 사용되어 오고 있다. 브로큰 애로우 도시의 이름은 핵무기를 만들기 전에 전해 내려왔지만, 앞서 언급한대로 인디언과의 협상에서 벌어진 평화적인 의미가 예상치 못한 사건을 의미하게 되어 영화나 암호 코드를 알리는 동음이의어로 사용되어 오고 있다. 실제 브로큰 애로우는 1902년에 새롭게 설립된 도시이다. 그 전까지 인디언준주[31]에 포함되어 인디언보호구역이었다. 영화 〈브로큰 애로우〉(1950)에서는 인디언과의 협상에 관한 내용이, 〈브로큰 애로우〉(1996)에서는 핵무기의 우발적인 사고에 대한 후속 조치들이 영화로 만들어졌다. 오클라호마 시티에서는 1995년에 연방정부청사 테러가 있었다. 이를 2017년 다큐멘터리 영화로 만들게 되었고 이 또한 지역의 역사로 고스란히 남게 되었다.

지역의 장소 이미지와 영화는 메타언어로 서로 담론을 이끌어 내고 있다. 메타언어는 메타라는 말이 '더불어', '뒤에'를 뜻하는 언어이다. 문자 그대로 해석하면 하나의 언어를 가진 언어, 또는 하나의 언어 다음에 오는 언어를 가리키거나, 다른 언어에서 그 단어를 지칭하는 언어를 말한다. 오마주와 같은 방식으로 텍스트나 발화 행위 내부로부터 자신의 메타언어를 만들어 낼 수 있다. 이전의 내러티브가 현재의 내러티브에 관해 정보를 제공하고 현재의 내러티브에 관해 언급해 주는 것이 영화 내에서 허용된다(수잔 헤이워드, 2012). 영화 자체가 가진 속성으로 영화가 어떻게 만들어졌는지를 스스로 드러내는 과정은 관람자로 하여금 영화 속 장소에 대한 이미지를 생성할 수 있게 한다.

드라마 영화

드라마 영화는 감정 변화와 이야기 전개를 하는 데 영화 음악의 영향을 크게 받는다. 드라마 영화가 정서적인 주제를 다루는, 현실적인 등장인물의 성격 묘사를 바탕으로 해 오기 때문이다. 드라마 영화 장르는 인간의 본성과 사회적 관계를 탐구하고 감정적, 심리적 깊이를 통해 이야기를 전달하는 데에 중점을 둔다.

이 장르는 다양한 주제와 접근 방식을 포함하며, 다음과 같은 주요 특성을 가지고 있다. 첫째, 인물 중심으로 감정 깊이를 주로 다룬다. 드라마 영화는 주로 인물들의 내면 갈등과 감정적 변화를 다룬다. 인물의 심리적 깊이와 복잡한 감정을 탐구하며, 관객이 캐릭터에 감정적으로 몰입하게 한다. 둘째, 현실적이고 사실적인 묘사가 주이다. 드라마 영화는 종종 현실 세계에서 일어날 수 있는 사건과 상황을 사실적으로 묘사한다. 이는 관객에게 공감과 현실감을 높여준다. 셋째, 뚜렷하고 강렬한 주제와 메시지가 있다. 드라마 영화는 사랑, 희망, 고통, 상실, 가족, 사회적 불평등 등 강렬한 주제를 다룬다. 이러한 주제를 통해 사회적 메시지를 전달하거나 인간의 본질을 탐구한다. 넷째, 캐릭터 발전과 인간관계를 보여 준다. 드라마 영화는 캐릭터 간의 관계와 그 발전을 중점적으로 다룬다. 인물 간의 갈등,

화해, 이해 등을 통해 스토리가 전개된다. 다섯째, 잔잔하다. 드라마 영화는 일반적으로 서정적이고 차분한 톤을 가지고 있다. 액션 장르처럼 빠른 속도의 전개보다는 느리고 깊이 있는 이야기를 추구한다. 여섯째, 현실적인 대사와 연기가 있다. 대사와 연기가 현실적이며 자연스럽게 표현된다. 배우들의 섬세한 연기와 진솔한 대사는 관객에게 깊은 인상을 남긴다. 일곱째, 복잡한 플롯과 예측 불가능성이 있다. 드라마 영화는 단순한 플롯보다 복잡하고 다층적인 이야기를 선호한다. 예측 불가능한 전개와 반전은 관객의 관심을 유지하는 데 중요한 요소이다. 여덟째, 시각적 미학과 연출이 있다. 드라마 영화는 시각적 요소를 통해 분위기를 형성한다. 조명, 색채, 카메라 워크 등 시각적 연출은 이야기의 분위기와 감정을 더욱 강조한다. 아홉째, 음악과 사운드트랙이 있다. 음악과 사운드트랙은 드라마 영화에서 중요한 역할을 한다. 적절한 음악은 감정을 증폭시키고, 특정 장면의 분위기를 한층 더 강화하며 각인시킨다.

영화 속 시간을 알게 해 주는 장면 또한 찾아볼 수 있다. 영화 〈미나리〉 속 텔레비전에 나오는 라나에로스포 노래 '사랑해' 때문이다. 이 앨범은 1971년에 발매되었고 1970년대 노래가 흘러나오고 제이콥과 모니카 결혼생활을 10년이 흘렀음을 밝히는 부분에서 시간이 흘러 영화적 시간이 1980년대임을 알 수 있다. 그리고 영화 오리지널 사운트랙을 앨범[32]에서 확인할 수 있듯이, 5번 트랙에서 "Granma Picked a Good Spot"으로 미나리 심을 곳을 찾아가는 것을 알 수 있다. 바로 이 장면 전에 털사에서 촬영한 병아리 부화소에서 만난 한인이 "여기에 온 사람들은 한국교회에서 벗어나려고 온 사람들이라고." 언급하는 장면에서 영화 속 아칸소로 떠나 온 한인들의 단면을 보여 준다.

카메라의 이동에 따라 영화 속 장소를 이해하게 되고 영화 도입부에서는 데이비드가 차장 밖을 보는 장면이 자동차의 이동과 시선으로 처리된다. 이때 3번 트랙으로 "Big Country"는 새롭게 이주한 나라, 이사한 지역에 대한 희망이 잘 표현되어 있다. 또한 지명이 들어간 11번 트랙 "Oklahoma City"는 오클라호마 시티에 도착하면서 이 음악이 흘러나온다. 이전 장면에서 미국인 폴과 함께 제이콥이 재배한 야채를 포장하는 것이 나오는데 이를 도시에 팔려고 들고 나온 것으로 표현된다. 아빠의 새로운 도전과 함께 데이비드의 심장병 호전 소식을 듣게 된다. 주도를 제목으로 한 트랙에서 문제가 해결된다.

영화 속 장소에서 인물관계

본 영화는 가족 영화이기에 등장인물이 많지 않고 한정적이다. 그 덕분에 가족 간의 인물 구조로 영화 속 장소를 분석할 수 있다. 주인공인 데이비드를 중심으로 외할머니, 아빠, 엄마, 누나와의 관계가 투영된 영화 속 장소를 추출해 본다. 주로 집을 배경으로 하는 일상생활을 소재화한 것이라 외할머니나 누나와 시간을 보낼 때가 많다. 한국에서 오신 외할머니가 낯선 땅 미국에서 적응해 가는 과정 중에 아이들과의 관계도 묘사된다. 외할머니는 무료한 시간을 아이들과 보드게임이 아닌 고스톱으로 함께 보낸다. 바퀴달린 집 거실에 외할머니, 누나, 데이비드가 바닥에 둘러앉아 고스톱을 하는 장면은 할머니의 한국적 정서가 뿌리내리는 과정이다. 처음 본 할머니를 알아가는 과정에서 '낯설음'이 데이비드에게 각성되어 미국인들 사이에서 '다름'을 자각하게 하는 데 영향을 줄 것이다. 데이비드와 외할머니가 함께 미나리 씨를 뿌릴 개울가를 찾아가는 장면 또한 설레는 사운드 트랙과 함께 할머니와의 관계가 전달됨을 살펴볼 수 있다.

아빠의 농장은 데이비드의 놀이터이다. 아버지의 일터를 종종 따라다니면서 아버지의 말씀을 듣게 된다. 병아리 부화소에서 "수컷 병아리는 쓸모가 없다"거나 농장에서 우물을 파는 장면은 아버지에게서 삶을 일구어 내는 과정을 배우게 됨을 알 수 있다. 데이비드의 건강을 염려하는 엄마는 자기 전에 심장 박동수를 체크한다. 아빠와의 대화가 바깥 일터에서 이루어졌다면 엄마와의 대화는 주로 집 안의 거실이나 데이비드 방에서 일어난다.

유튜브 웹 사이트에서 정이삭 감독을 검색하다보면, 그의 첫 작품이 칸느영화제 2007년에 주목할 만한 시선으로 선정된 당시 인터뷰를 찾아 볼 수 있다. 뉴미디어를 활용한 매체 분석에서 적합한 인터뷰를 찾게 되는 경우는 기록을 대체할 수 있을 정도로 제작자에 대한 이해를 높인다. 정이삭 감독이 첫 작품 영화 〈Munyurangabo〉(2007)에서 부인과 함께 떠난 르완다에서의 경험을 영화한 것에 대해 '국가적 기억'으로 남아 있다고 인터뷰한 바 있다.[33] 어쩌면 이민 2세대로 자란 감독이 과거의 자전적 경험을 영화화한다는 것 또한 자신을 객관화하는 과정의 하나로 보인다.

영화 속 장소에서 개인

데이비드 혼자만의 시간을 개인 영화 속 장소로 나누어 살펴보았다. 추출된 장소들은 영화를 여러 번 검수하여 데이비드 독백 신을 분석했다. 이 장면들은 무엇인가를 응시하거나 스스로에게 몰입되어 있는 상황이다. 다수가 외할머니와 관계된 장면이다. 등장인물 사이의 관계에서 어린 시절 양육을 담당했던 할머니에게 영향을 가장 많이 받았고, 그 기억의 잔흔이 데이비드의 정체성 형성에 영향을 주었다는 것을 미루어 짐작할 수 있다. 그리고 데이비드 스스로 생각하는 독백 장면일지라도 연결된 장면에 따라 앞 뒤 내용을 구분하여 주요 장면임을 알 수 있다. 영화 평론가 이동진의 유튜브 채널에서 〈미나리〉는 어디까지가 실화인가를 주제로 설명하며 감독의 기억 80가지를 언급한다.[34] 데이비드가 스스로 자각하거나 대화에 집중하는 모습들이 사실성을 높혀준다. 아빠가 우물을 파면서 "농장은 흙에서 얻어내면 돼."라는 얘기를 하는 장면으로 삽으로 흙을 깊게 파면서 물길을 찾는 장면이 있다.

자전적 영화로 1980년대를 영화화한 것에 대해 감독의 노스탤지어를 찾아보고자 하였다. 영화 안에서 현재에서 과거를 회상을 한 것이 아니라 1980년대를 처음부터 끝까지 재현하고자 한 것으로 보인다. 노스탤지어는 과거에 대한 향수로 인물, 장소 등에 대한 그리움이 있을 때 질병으로 오인 받는 경우가 있었다. 그러한 연유로 이주민의 나라 미국은 국민 정체성을 형성하는 데 노스탤지어를 꺼렸던 적이 있다. 역사를 반추해 보면 과거를 회상한다는 것이 개인에게 긍정 기억과 반(反)기억을 경합시키기 때문이다. 시나리오 집필 시절인 2020년대 전후에 〈미나리〉 외에도 과거로의 열풍이 다시 시작된 것은 국가 정체성 형성과 관련된 것으로 보인다. 할머니가 한국서 가져간 미나

그림 4. 영화 '미나리' 포스터
(출처: 구글 검색)

리 씨앗은 "낯선 땅에 뿌리내린 희망"이라고 포스터에 알려진 것처럼 이민자들의 정착에 은유적 표현을 대표한다.

노스탤지어

현대인문지리학 사전에 노스탤지어(Nostalgia)에 대한 설명이 없어, 등장인물들의 장소에 대한 그리움에서 그 대답을 먼저 찾아보았다. 1세대 외할머니는 반기억에서 장소에 대한 그리움이 나타난다. 병환 중인 할머니가 "여보, 방공호로 숨어." 라 말하는 장면에서 과거 트라우마를 상기시키게 한다. 과거에 대한 회상은 장소와 함께 일어난다. 아빠와 딸의 대화에서 딸이 아빠에게 미국 야채를 심는게 낫지 않냐고 물어보는 장면이 있다. 그러자 아빠가 "매년 미국으로 오는 한국인이 3만 명인데 한국 음식이 그립겠지?"라 말하는 장면이 있는데, 이는 향수에서 비롯된 과거에 대한 긍정적인 감정이 남아 있는 것으로 보인다. 또한 외할머니와 엄마의 대화에서, 한국에서 가져온 음식을 보고 데이비드의 엄마가 눈물을 흘리는데, "또 울어? 멸치 때문에 울어?"라 얘기하는 장면이 있다. 엄마에 대한 애잔함과 모국에 대한 맹목적인 그리움이 상기된다. 이러한 장소에 대한 그리움은 과거 추억에 대한 애착과 함께 연관된다.

일반적으로 노스탤지어는 과거의 경험이나 시절에 대한

그리움과 향수를 의미한다. 이는 개인적인 경험뿐만 아니라, 특정 시대나 장소에 대한 집단적인 기억과 감정을 포함할 수 있다. 한편으로, 노스탤지어는 종종 현재의 상황과 대비되어, 과거의 시절이 더 좋았다고 느끼게 만드는 감정적 경험이다. 노스탤지어는 주로 과거의 기억과 관련이 있기에, 특정한 사건, 장소, 사람과 연결된 기억에서 비롯된다. '미나리'는 정이삭 감독의 본인의 기억들과 연관되어 있다고 뉴스에서 인터뷰한 바 있다.[35] 이러한 노스탤지어는 작품을 만들고 관람하면서, 심리적 안정감을 줄 뿐 아니라 정체성을 형성시킨다. 그 시대를 공유한 세대들과 사회적 유대를 강화시킨다.

part II 미디어 공간의 텍스트 생산

미디어 공간의 텍스트 생산은 미디어가 만들어 내는 메시지를 포함하는 유의미한 텍스트를 특정 공간으로 집중시킬 때 발생한다. 이는 미디어의 내용이 특정 공간에 맥락적으로 어떻게 만들어지고, 소비되며, 해석되는지 탐구하는 것을 포함한다. 미디어 공간의 텍스트 이해는 텍스트가 단순한 글자나 문장의 집합이 아니라, 문화적, 사회적 맥락에서 의미를 형성하는 복합적인 구성물임을 인식하는 데 중점을 둔다. 또한 미디어 텍스트가 제공하는 메시지, 맥락, 편향 등을 비판적으로 평가하는 능력이 필요하다.

미디어 공간을 텍스트로 바라 볼 수 있는 이유는 무엇일까? 첫째, 관객의 해석과 상호작용이 발현된다. 관람자의 문화적 배경에 따라 공간의 해석이 달라질 수 있다. 동일한 공간이 다른 문화권에서는 다른 의미로 받아들여질 수 있기 때문이다. 현대 미디어는 관객이 공간을 경험하고 참여할 수 있는 다양한 방식을 제공한다. 예를 들어, 가상현실 콘텐츠는 관객이 가상공간을 직접 탐험하고 상호작용할 수 있게 돕는다. 둘째, 실제 공간을 재구성하거나 사회적 담론을 형성한다. 미디어 공간은 사회적 담론을 형성하고, 특정 공간에 대한 인식을 변화시킬 수 있다. 미디어 공간의 텍스트 이해는 현대 사회에서 중요한 능력으로, 사람들이 다양한 미디어에서 제공되는 정보를 비판적으로 평가하고 해석할 수 있도록 돕는다. 이러한 능력은 사람들이 미디어를 통해 전달되는 메시지를 분명히 이해하고, 이를 바탕으로 더 나은 의사 결정을 내릴 수 있도록 돕는다. 셋째, 모방하여 현실에 공간을 만들어 낸다. 드라마 〈오징어 게임〉 같은 경우는 드라마 도입부터 코로나로 인해 사회적 거리두기 기간임에도 불구하고, 이태원역에 체험공간 오겜 월드를 만들어 관심을 끌은 경우가 있었다. 그리고 드라마가 흥행하면서 복사와 모방이 쉬운 특징을 살려 예능 프로그램 〈오징어 게임: 더 챌린지〉(2023)를 만들었다. 이 프로그램은 영국에서 제작한 리얼 버라이어티 프로그램으로 4주간 촬영하여 방영했다.

하이스트 영화 〈도굴〉에 표현된 포스트 콜로니얼리즘

현실에 있을 법한 범죄의 이야기를 죄의식 없이 자연스럽게 보여 주는 영화들은 하이스트라는 장르로 구분한다. 도덕적 금기를 넘어선 이야기는 문제를 해결하고 미션을 완수할 때 관람자로 하여금 쾌감을 느낄 수 있게 만들어 준다. 모험 영화 〈내셔널 트레져〉(2004)를 이제야 보게 됐다. 영화 〈도굴〉(2020)과 관련된 영화를 OTT로 검색을 하려다 문득 작년에 본 〈인디아나 존스: 운명의 다이얼〉(2023)이 떠올라 이를 검색했다. 그 결괏값으로 〈내셔널 트레져〉, 〈미이라〉, 〈도굴〉 등이 함께 나왔다.

〈도굴〉을 제외하고 세 부류의 모험 영화들은 하이스트 영화와 구분되어 있다. 검색 결과들을 보면서 어쩌면 영화 〈도굴〉(Collectors)이 남겨놓은 한영 제목에 대한 의구심이 들었다. 영어 제목은 수집가로 영화에는 자본가로 나오고, 영화 〈도굴〉에는 도굴꾼이 따로 있다. 반면에 미국의 모험 영화에는 주로 고고학자가 궁금증에서 시작된 호기심으로 불법적 행위 도굴을 통해 모험을 완수한다. 영화 〈도굴〉과 〈내셔널 트레져〉가 유사한 점은 첫째, 도굴꾼이 태생의 비밀을 가지고 있다는 점, 둘째, 도굴을 해 가는 과정에서 경쟁자가 있다는 점, 셋째, 도굴이라는 행위를 통해 보물을 찾는 과정에서 지리적인 단서가 있다는 점이다. 〈내셔럴 트레져〉 마지막 부분에서, 그리스, 로마, 이집트에서 가져온 고대 유물로 보이는 물건들이 트리니티 교회 지하에 가득한 장면이 나왔고, 이를 국가 기록원과 관련된 FBI를 통해 영화 후반부에 박물관에 헌납한다. 궁금증과 명분은 사라지고 문제를 해결한 후 국가에 헌납한다는 스토리가 유물 수집가 상길과 구별된다.

〈도굴〉이 하이스트 영화로 구분된 것은 대규모 범죄 계획을 공모해 여러 명이 성공적으로 실행에 옮겼기 때문이다. 다만 20년 후에 한국에서 상영된 영화 〈도굴〉이 〈내셔럴 트레져〉의 마지막에 나오는 보물의 방과 유사한 클리셰를 사용했다는 점이 눈에 띈다. 행위의 대상이 되는 목표 보물을 제목으로 한 것과 도굴 행위의 행위자에 초점을 맞췄기에 〈도굴〉은 모험 영화와 구별된다. 이번 장에서는 진짜 수집가는 오구라 컬렉션에 오구라뿐 일까라는 의문을 갖고 제국주의와 구별되는 포스트 콜로니얼리즘에 중점을 두었다. 도굴이라는 행위가 아닌 행위자로 영어 제목에 중점을 두게 된다면, 범죄영화로 영화 범주가 확장될 것으로 보인다.

〈도굴〉의 영화 속 장소

범죄행위가 영화적으로 어떠한 공간을 그려내는지, 그리고 어떻게 영화 속 장소와 만나게 되는지를 살펴보도록 하겠다.

영화 〈도굴〉은 의적 홍길동을 모방한 영화이다. 태생의 비밀을 간직한 주인공이 도굴한 물건들을 세상 밖으로 나올 수 있게 팀을 만들어 작업을 한다는 것이 주요한 줄거리이다. 그 주인공의 이름은 강동구이다. 지명과 같은 이름을 가지고 있는 것도 흥미로웠지만 범죄자들의 모의를 영화화하고 이를 해결해 가는 과정에서 영화가 단서로 지명을 내세운다는 점이 돋보였다. 강동구라는 이름 외에도 고미술품을 거래하는 장안평 거리, 존슨 박사를 찾으러 간 서촌, 고구려 벽화를 얻으러 가는 중국 연길과 마지막 도굴지로 강남구에 있는 선릉을 영화로 소환했다는 점이 분석의 시발점이다.

우리가 익히 알고 있는 천마총이 발굴된 지 올해 51년이 되었다. 우리 손으로 발굴을 한 것은 1971년에 무령왕릉이고, 1973년에 석 달에 걸쳐 천마총에서 유물을 발굴하고 복원하였다. 왕릉을 경외시하는 우리 민족이 도굴을 시작하게 된 것은 일제강점기로 거슬러 올라간다. 고미술 수집가였던 이토 히로부미가 고려청자를 비롯한 개성에서 가져간 고려 유품은 학문적인 목적이 아닌 도굴로 1911~1912년에 최고조로 수집 붐을 일으켰다. 주로 개성지역 고려 고분에서 도굴한 고려자기를 비공개적으로 도항해 가면서 약탈했다(이순자, 2021). 이러한 사실을 영화 〈도굴〉의 진의를 찾아가다 접하게 되었고 놀람을 금치 못하였다. 영화에는 오구라 컬렉션에 대해 언급하고 있는데 이 또한 문헌으로 그 수집 과정이 상세히 기록되어 있다.

영화 〈도굴〉은 픽션을 다루는 영화임에도 불구하고, 더구나 범죄 영화로 도굴 행위를 다루는 주제가 문헌에 남아 있다는 사실과 새로이 만든 이름이 아니라 실제 있는 지명을 사용해 주인공이 목표를 추적해 가는 단서를 만들었다는 점이 흥미로웠다. 도굴을 시작하게 된 이유는 나와 있지 않지만 〈내셔널 트레져〉처럼 비밀을 공유하여 만들어진 가족이 팀으로 작업을 완수한다는 점이 유사하다.

하이스트 영화를 보는 이유는 무엇일까?

하이스트 영화는 범죄행위를 합리화하면서 상세히 그 과정을 다룬다. 어쩌면 틀 안에서 가장 작위적인 이야기를 펼치지만, 그 속에 삶의 이야기가 있고 미로를 풀 듯이 문제를 해결해 간다. 〈도굴〉의 경우 줄거리가 그러하듯이 영화에서 보이는 장소 또한 인위적으로 이전의 영화에서 볼 수 없었던, 상상도 못한 장면들이 펼쳐진다. 114분의 영화 상영시간은 찰나와 같이 지나가고 범죄공식이 마무리되는 엔딩이 기대된다. 범죄를 어떻게 은닉할 것인가, 정당화할 것인가가 엔딩과 연결되고 그에 따른 결과에 관람자들은 납득한다.

〈도굴〉의 경우는 탐닉 목적으로 크게 세 번의 도굴 대상이 나온다. 첫 번째 불상, 두 번째 고구려 벽화, 세 번째 검이다. 첫 번째에는 강동구의 태생의 비밀을 알려주는 불상을 만났고, 두 번째에는 벽화를 취하기 위한 경제적인 목적으로 가족과 같은 팀을 결성한다. 하지만 마지막으로 강동구와 가족처럼 지내는 일당은 서로 함께 일하면서 특별한 설명과 사회적 합의 없이 도굴한 유물들을 국가에 반환할 계획으로 유인책인 검을 공략한다. 그리고 우리나라 수집가의 탈취한 유물을 국가에 헌납하고 일본으로 우리나라 문화재를 찾아오기 위해 가겠다는 설정으로 마무리된다. 주로 하이스트 영화에는 범죄가 발각되지 않기를 바라는 스릴감, 공공의 적(때론 자본이나 사상)을 무너뜨리기 위한 바람, 한탕주의로 포장한 젊은이들의 허무주의 등이 표현되는 범죄이지만 암묵적으로 범죄를 수긍하게 되는 아이러니한 결말을 메시지로 남긴다.

금기를 넘어서는 것을 보여 주는 것이 영화일까? 인간의 본성을 끝까지 보여 주는 것이 영화일까? 라는 궁금증을 가진 채 하이스트 영화를 다시 보게 됐다. 짧은 두 시간여 동안 만들어진 이야기를 카메라에 담는 것은 막연하게 규칙이 있을 것이라고 예상한다. 하이스트(heist) 영화는 무언가를 강탈하거나 훔치는 내용을 상세히 묘사한다. 예로, 〈미션 임파서블〉(1996~2025, 첩보물), 〈인셉션〉(2010, SF), 〈나우 유씨미〉(2013, 마술), 〈앤트맨〉(2023, 슈퍼히어로) 등이 이에 속한다. 다양한 주제를 포섭하여 범죄 행위를 합리화하는 것이 하이스트 영화의 특징이다. 법의 한계를 벗어나 금기를 어기고, 이러한 과정이 인간의 다양한 행태를 보여 준다는 점이 단순하면서도 사뭇 놀라웠다. 하이스트 영화는 도덕적 딜레마와 범죄의 정당화에 초점을 맞춘다. 윤리적 질문들이 제기되면서 문제가 해결되는데, 그들이 비윤리적인 행동을 하지만 동기나 배경에서 복합적 문제들이 제기된다. 그 문제들은 (1) 사회 부폐나 불평등에서 비롯된 불법적인 행동의 정당화 (2) 부패한 인물이 피해자가 되어 겪게 되는 도덕적인 딜레마 (3) 범죄를 위해 결성된 팀워크와 배신 (4) 기존 시스템에 대한 반항 등과 관련된다.

영화는 항상 새로운 볼거리와 메시지를 전달한다. 어쩌면 그 틀 안에서 혹은 밖에서 만들다 보니 비슷한 주제가 장르로 모이고, 좀 더 자극적이고 기억에 남을만한 영화를 만들어 내게 된다. 현실과 흡사하면서도 더 보고 싶고 궁금하게 만들기 위해 선정적인 영화가 많아졌고, 우리는 보이지 않는 언어 폭력과 야만적인 폭행에 익숙해져 버렸다. 관람객 또한 제목의 도굴이란 단어가 윤리적인 범주에서 벗어나지만 영화니까 크게 문제삼지 않는다. 익숙해져버린 것이다. 영화라는 콘텐츠는 허락된 시간 내에서 우리를 자유와 상상이라는 이름으로 방임하게 만들고 각자의 사고를 만들어 내게 된다. 〈도굴〉을 보고 만들어 낸 개인적 공간은 무엇일까? 가장 기억에 남는 장면이 있다면 우리나라 문화재를 반납하는 문화재청, 일본으로 떠나는 인천대교, 아니면 현실에서 관련 사건을 찾아 검색창을 들여다보고 있을 것이다. 마지막으로 브레인 샤워를 한 느낌으로 기분 전환의 대가를 받고 자신만의 일상으로 복귀했을지도 모른다.

여러 장르가 인접하여 연관되어 있고 여러 장르에 걸쳐 한 편의 영화가 나올 수 있다. 관람자의 대부분은 신뢰가 가는 감독이나 배우를 보고 영화를 선택하지, 장르를 보고 선택하는 이는 드물 것이다. 다만 현실을 수학 문제처럼 문제 풀이를 하고 싶은 건 아니었을까? 아니면 간접경험으로 다른 이들이 삶을 궁금해 한 것이었을까? 하이스트 영화의 매력이 무엇일까를 곰곰이 생각하다가 연관된 질문만을 쏟아냈다.

영화가 진행되면서 관람자들은 나도 모르게 범죄자인 주인공에 공감하게 된다. 또한 상세한 범죄 과정에서 추리를 하는 데에는 음악과 음향효과가 박진감 넘치는 전개를 이어가는 데 도움을 준다. 만약 영화에서 현실 세계를 모방하여 기억하기 쉽게 해 주는 단서로 그 시대의 소품들과 지명이 나온다면 영화에 더 몰입을 할 수 있게 해 줄 것이다. 그 단서는 영화 속 시간과 장소에서 시작한다. 시간과 장소를 짐작할 수 있는 사건으로 이야기가 전개되고, 청각적으로 대사 전달이나 음악, 시각적으로 배경 장면으로 해결 실마리를 제공해 줄 것이다.

예로, 드라마 〈수리남〉(2022)은 영화 〈자카르타〉(2000), 〈모가디슈〉(2021) 등처럼 지명을 제목으로 한 작품이다. 이와 같은 드라마나 영화는 현지에서의 촬영이 많거나 그 비중이 적더라도 지역의 특색이 드러날 수 있게 미디어를 만들어 낸다. 국내 지명을 표방하는 영화를 제외하고도 해외일 경우 그 이질적인 볼거리 특성으로 시각적인 효과를 높일 수 있다. 〈수리남〉의 경우 드라마를 시작할 때 남아메리카에 있는 소국가로 인구 50만 명의 나라라는 것을 해설해 준다. 지명이 갖고 있는 대표성과 낯선 곳에 대한 호기심이 수반되는 여러 특성으로 같이 희석되어 묵직하고도 강렬한 메시지를 전달한다.

이처럼 하이스트 영화에서 범죄 장르 특성이 제목으로 전해 주는 메시지 또한 강렬할 것이다. 〈도굴〉에서 얻어지는 도굴 과정에 대한 궁금증, 〈미션 임파서블〉에서 기대하는 불가능한 일을 해내는 과정, 〈인셉션〉에서 기대하는 경계를 넘어선 서막, 〈나우 유씨미〉에서 새로 보게 될 볼거리, 〈앤트맨〉에서 만날 사이즈가 개미처럼 작아지는 앤트맨의 활약 등이 제목으로 단서를 남긴다. 그 단서들은 하이스트 영화를 보고 싶게 만드는 동력으로 즐겨 찾는 이유가 될 것이다. 금기를 넘어선 시퀀스를 따라가다 보면 어느새 주인공의 난제를 이해하고 갈등이 해소되기를 바라게 된다.

포스트 콜로니얼리즘

포스트 콜로니얼리즘(post-colonialism)은 식민주의 지역에서의 경험을 명료히 하는 데 도움을 주어왔다. 이에 관한 연구는 입지, 이동성, 주변성, 추방 등과 같은 공간적 이미지의 개념들을 풍부하게 사용하는 데 명맥을 유지해 왔지만, 연구가 많지 않았다. 포스트 콜로니얼리즘은 식민지 시대 이후의 사회, 정치, 경제, 문화적 변화와 영향에 대한 연구를 다루는 학문적 접근법이다. 이는 식민주의와 제국주의가 식민지 국가와 그 국민에게 미친 영향을 비판적으로 분석하고, 이러한 영향이 현재까지 어떻게 지속되고 있는지 탐구한다. 첫째는, 제국주의와 식민주의에 관한 것이다. 유럽 제국주의가 아시아와 아프리카에 어떠한 영향을 끼치는지에 관한 것이다. 둘째, 문화적 혼성성[36]에 관한 것이다. 식민지 지역에서 식민지 지배와 문화적 교류의 충돌이 어떠한 문화적 정체성을 형성했는지에 관한 것이다. 셋째, 정체성 형성에 관한 것이다. 이는 식민지 경험이 언어, 종교, 사회적 관습에 영향을 주었는지에 관한 것이다. 넷째, 저항과 해방에 관한 것이다. 식민지 국가에서 해방을 어떻게 쟁취했는지 그리고 그 과정에서 어떠한 정치적, 사회적 변화를 겪었는지에 관한 것이다. 다섯째, 담론분석에 관한 것이다. 제국주의와 식민주의가 어떻게 만들어져 유지되었는지에 관한 것이다. 서구에서 비롯된 비판적 입장이다. 이러한 논의가 더 필요해진 이유는 생성형 AI를 사용하면서 사용자들이 검색하는 데이터 양 또한 사실로 받아들여지고 있기에, 비판적 입장의 검토 필요성이 높아지고 있다.

그리고 이러한 점은 식민지 본국과 식민지, 식민지 지배자와 식민지 국민 '사이(between)'[37] 등의 주요 관계를 분석함으로써 식민 지배의 분열, 불안정성, 모순 등을 제기했었다(데이비드 앳킨스, 2011). 다만 우리나라의 경우는 포스트 콜로니얼리즘에 대해 비판적 입장을 견지해 올 수 있었음에도 불구하고, 살아있는 역사에 대해 과거와 이론 사이에서 중개하기란 쉽지 않다. 다행히도 이 책에서 다루는 것은 영화 속 장면들이기 때문에 예술의 영역에서 조금 편하게 다가가 보고자 한다.

영화 〈도굴〉의 제목이 갖고 있는 의미에 대해 우선, 우리나라의 도굴을 알아보는 것이 필요하다. 발굴이 한편으로는 고고학적 가치를 갖듯이, 제국주의 시대에 도굴은 제국주의 국가가 식민주의 국가의 과거를 알아가는 도구였다. 예로 이집트의 많은 유물이 오래된 역사에 묻혀 있다가 20세기 전후에 연구 대상이라는 근거로 본국을 떠나 여러 나라로 흩어지게 된 것처럼 권력 아래에서 공간적 재편이 이루어졌다. 우리나라의 도굴 또한 봉인되어있었던 삼국, 고려시대의 고분들이 일제강점기 시기에 시작되었다고 볼 수 있다. 영화에서 보게 되는 자연스러운 도굴 행위는 생활고로 인한 경제활동의 연장선에서 하이스트 영화라는 특성에 의해 용인된다.

영화에서 언급되었던 오구라에 대해 살펴보았다. 「오구라컬렉션 일본에 있는 우리 문화」(2014)에서는 오구라가 우리나라 문화재를 반출해 갔던 과정이 잘 알려져 있지 않다는 점에 주목했다. 오구라는 일제강점기 조선총독부의 고적조사사업으로 대표되는 공적 조사 영역과 골동상, 경매, 도굴 등을 통한 사적 수집 영역까지 모두 관련되어 있었다. 결과적으로 해방 당시 반출해 갔던 우리나라의 문화재 양이 알려진 것만 905점에 다다른다. 청동기시대 검부터 조선시대의 그림과 의복까지 그 양이 어마어마하다.

코로나 기간에 영화관에서 영화 〈도굴〉을 보고 나왔을 때

오구라컬렉션에 대한 타켓 설정 때문에 도굴 2부를 기대하게 만들었다. 2부를 만든다는 내용이 어떤 기사에도 없었지만, 그 궁금증은 포스트 콜로니얼리즘에 맞닿게 되었고, 왜 하이스트 영화의 영어 제목마저 'Collectors'인지를 되묻게 했다. 도굴자뿐 아니라 자본가 또한 수집만을 위해 도굴을 시작하게 됐을까라는 궁금증이 남았기 때문이다. 결국은 범죄자가 수집가라는 말인가라는 생각도 하게 되어 정리되지 않은 질문들이 함께 남는다. 일본과 우리나라 '사이'에 대한 관계 또한 영화의 마지막 설정이 연결된다. 바로 오구라를 찾아가 일본으로부터 우리나라에서 반출된 문화재를 찾아오겠다는 포부로 결론짓는다.

도굴이라는 소재 자체가 역사의 경계를 넘어선다. 과거의 유물을 찾아낸다는 것, 그리고 그 가치를 인정받는다는 것은 그 과정이 어렵기 때문일지도 모른다. 도굴 목표 물건의 소재지는 물론 정보를 알아야 하고, 계획적으로 도굴을 하게 될 때에도 예측과 다른 상황들에 맞닥뜨리게 될 것이다. 공적인 조사사업도 아닌 불법적으로 영화 안에서 등장인물의 동선을 마무리 짓는다는 것이 하이스트 영화의 묘미가 아닐까싶다. 국경은 물론 축적된 시간을 넘어서는 것이 등장인물이 넘나드는 경계에 나타난다.

답십리 고미술점 거리

비록 영화일지라도 등장인물들의 동선을 살펴보는 것은 주체들의 이동으로 파악해 볼 수 있기 때문이다. 우선 답십리 고미술점에서 황영사 금동불상(영화상 허구적 설정)을 팔기 위해 여기저기 기웃거린다. 이 거리는 1980년대 초에 형성된 고미술상가이다. 당시 청계천이 개발되면서 청계천 주변 황학동이나, 아현동, 이태원 등지에 퍼져있던 고미술 상가들이 모여들면서 시작되었다. 영화에서는 도굴자들의 거래 장소와 등장인물이 쫓고 쫓기는 곳으로 좁은 상가와 기다랗게 늘어선 내부 상가들이 이색적으로 나온다. 불상에서 시작된 도굴자와 수집가들의 거래에는 중국 거래상까지 참여한다.

연길지방

동구는 수집자 상길의 협조로 중국 연길지방에서 고구려 벽화를 가져오는 작업을 맡게 된다. 혼자서 작업을 할 수 없었던 동구는 도굴의 전문가인 존스 박사를 만나 함께 향한다. 실제로 지난 2000년에 중국에서 고구려 고분벽화에 대한 수사가 있었다.[38] 개연성 있는 에피소드가 영화화되었듯이 도굴사건은 풍문으로 퍼져있었던 에피소드다. 2010년 10월 5일에 방영된 PD수첩에 따르면, 당시 김종춘 한국고미술협회장은 반박 기

그림 5. 영화 '도굴'에서 고구려 벽화 도굴 장면

자회견을 자청하여 열었다. 결과적으로 고구려 벽화는 사라졌으나 사주 의혹만 남긴 채 논란의 여지가 남았을 뿐이다. 아마 답십리에 있었더라면 누구라도 들었을법한 그 이야기, 그래서 영화 속 동구가 그 단서를 알 수 있지는 않았을까? 요사이 책에서 확장된 인터넷, 블로그, 생성형 AI 등을 통해 많은 정보들을 수집할 수 있지만 열쇠가 되는 단서는 현장에서 찾을 수 있다는 것이 변하지 않는다.

선릉

도굴꾼 동구는 수집가 상길이 모아둔 세탁된 문화재들을 훔치기 위해 마지막 거래를 만들어 낸다. 바로 선종의 무덤, 선릉에서 위화도 회군 때 태조 이성계가 사용했다는 전설의 검, 전어도를 찾아내겠다고 한다. 그 위험한 거래를 호기롭게 성사시키기 위해 범죄자들이 단합했다. 상길이 선릉에 사로잡혀 있을 때 강동구 일당이 모든 애장품을 탈취해 문화재청에 기증한다. 선릉에서 상길은 전어도를 얻기 위해 나섰다가 모든 걸 잃고 자신의 치부를 드러내게 된다. 상길을 돕는 조선족 광철은 "녹이 슨 칼이 아닙니까? 그만큼 가치가 있습니까?"라고 묻는다. 목숨을 걸고 전어도를 찾는 행동대장의 입에서 나온 말이다. 동구는 허구로 만들어 낸 전어도를 쫓는 수집가를 움직이게 만든 것이다. 도굴꾼을 찾아 답십리 고미술점 거리에서, 발굴지를 찾아 연길지방으로, 마지막으로 선릉의 지하로 에피소드들이 이어졌다. 결국에 주체적 의미로 도굴자들이 오구라를 찾아 나서며 마무리 된다. 도굴꾼들의 동선이 수집가에 의해 설정되는 것과 다르게, 마지막 종착지는 도굴꾼이 제시한다.

판타지 영화 〈신과 함께: 인과 연〉에서 도시 재개발

판타지 영화는 현실에 기반하지 않을 것이라는 오해를 하기 쉽다. 웹툰을 영화화한 〈신과 함께: 인과 연〉(2018)이 그중에 하나 일 것이다. 판타지 영화가 정형화된 범주를 가지고 있는 건 아니지만 관련된 영화들을 찾아보았을 때 시리즈가 많다. 영화 〈해리포터〉 시리즈(2001~2011), 〈반지의 제왕〉(2001~2003), 〈나니아 연대기〉(2005~2010) 등이 나온 것을 보면 대부분 책을 영화화한 것이다.

판타지 영화는 모험 소재를 다루는 것 외에도 판타지 로맨스, 판타지 공상과학, 판타지 슈퍼히어로, 판타지 게임 등으로 다양하게 확장되었다. 판타지 로맨스 영화로는 〈이프온리〉(2004), 〈이터널 션사인〉(2005), 〈시간 여행자의 아내〉(2009), 〈벤자민 버튼의 시간은 거꾸로 간다〉(2009) 등이 있다. 사랑에 빠지면 두 명만 세상에 있는 것처럼 느껴지는 효과가 로맨스로 이어져 시공간을 초월하거나 판타지로 보여 줄 수 있는 것 이상을 보여 주게 된다. 판타지 공상과학 영화로는 우주여행이나 미래 세계를 다룬 영화들로 〈스타워즈〉 시리즈(1977~현재)가 이에 해당한다.

판타지 슈퍼 히어로 영화는 1930년대 대공황 시절에 영웅주의를 만들기 위해 노력했던 "DC 출판사"와 맥을 같이한다. 뒤를 이어 이러한 류는 제2차 세계대전에서 젊은이들이 영웅주의를 맞이하게 도왔다. IMDB(미국 영화 데이터베이스)에서 슈퍼맨을 검색해 보니 1941년의 만화영화 '슈퍼맨'이 검색된다. 판타지 슈퍼 히어로 영화들은 자본주의의 성장과 함께 그 명맥을 유지하면서 때로는 소극적으로, 적극적으로 상상력과 결합 되어 젊은이들에게 상상력을 제공한다. 또한 판타지 게임을 영화화한 사례는 〈슈퍼 마리오 브라더스〉(2023), 〈슈퍼소닉〉(2020, 2022), 〈듄〉(2021, 2024) 등이 있는데 시리즈물이 많은 것에서 알 수 있듯이, 게임과 함께 자라온 젊은층을 마니아로 확보해 두고 있다.

한국 판타지 영화는 다양한 장르를 포섭한다. 역사 서사물 〈은행나무 침대〉(2000), 가족 드라마 〈헬로우 고스트〉(2010), 로맨틱 드라마 〈동감〉(2000, 2022), 코믹물 〈웅남이〉(2023)까지 과학적으로 설명이 안 되는 설정이 들어가는 모든 범주의 영화를 판타지로 분류할 때 이에 속한다고 볼 수 있다. 흥미로운 사항은 한국 다크 판타지 영화가 따로 분류되어 있을 정도로 〈박쥐〉(2009), 〈귀신이 산다〉(2004), 〈천박사 퇴마 연구소: 설경의 비밀〉(2023) 등에서 볼 수 있듯이 영적인 것을 다루는 것 또한 이에 속한다. 다크 판타지 영화는 암울하거나 부조리한 세계관을 공간적 배경으로 한 판타지를 의미한다.

〈신과 함께: 인과 연〉(2018)

판타지 영화 중에서 〈신과 함께: 인과 연〉을 선택한 이유는 이승과 저승이 대비되면서 현실 세계를 잘 보여 주고 있기 때문이다. 1편 〈신과 함께: 죄와 벌〉에서 주인공 김자홍(차태현)은 거짓 지옥, 불의 지옥, 배신 지옥, 폭력 지옥, 천륜 지옥을 거쳐 현몽을 통해 소원인 어머니를 꿈에서 만나게 된다. 1편에서 저승의 세계를 보여 주면서 이승에서의 삶을 연관시켜 천륜에 대해 생각하게 해 준다. 2편에서는 같은 어머니를 두고 둘째 아들이 어떤 억울한 죽음을 갖게 되었는지, 그리고 수홍의 죽음은 삼차사(강림(하정우), 해원맥(주지훈), 덕춘(김향기))의 천년 전 죽음을 이해 하는 데 도움을 준다. 저승세계에서 죽은 이들을 염라대왕에게 인도하는 일을 하는 차사들은 죽음과 사인을 그대로 믿지 않는다. 1편의 형 자홍에 이어 2편의 주인공 수홍은 일곱 개의 지옥을 지나가면서 자신의 죽음을 여러 각도로 목도하게 된다.

그리고 다른 하나의 에피소드는 조양구 연리동(영화에서 만들어진 설정)을 배경으로 전개된다. 김자홍과 수홍의 어머니가 살던 곳이 재개발되어서 아들들이 죽었을 시점에 연리동을 떠나게 된다. 1편에 비해 어머니의 비중이 적었지만, 3편에서 수홍이 차사가 되어 다시 어머니를 만나러 가지 않을까라는 궁금증을 안긴 채 이야기는 종결된다. 대본에 연리동이라고 마을의 이름이 적힌 만큼 영화에서조차 장소애를 불러일으킨다. 1편에 비해 이승의 이야기 분량이 적은 것은 천년 전의 사건을 함께 다루기 때문이다.

상영 시점(2018년)의 천년 전은 고려시대 현종의 시대였고, 당시 공험진 전투(1109년)가 있었던 시기이다. 고려의 국경이 어지러웠을 때 차사들은 국경지대에서 만나게 되었고, 고려의 장수 강림과 해원맥, 여진족 소녀 덕춘은 얽히고설킨 인연을 가지게 된다. 열 개의 에피소드에서 후반부는 살인, 진실, 고백, 용서로 세 명의 차사가 어떻게 죽음을 경험하고, 진실된 마음을 가지게 되는지, 서로 어떻게 구해 주고, 용서하게 되는지 차차 이어진다. 해원맥과 덕춘은 천년이 지났기에 강림이 자신들을 죽였다는 것을 쉽게 인정한다. 천년을 함께 일하면 서로를 용서할 수 있게 되는 것인가 하는 생각이 들었다.

이유 없는 죽음이 있을까 싶게 억울한 사연을 갖고 있는 수홍은 영화가 마칠 때 환생과 함께 차사직을 제의받는다. 1편의 지옥으로 나눠진 죄의 판단이 아니라, 2편에서 사연으로 나눠진 이야기는 저승과 연결된 이승을 이해하기 쉽다. 1편 자홍의 어머니 뒤편으로 재개발 지역 배경에 현수막으로 적혀 있는 "억울함"과 대비된다. 지가가 올라가 철거 대상이 된 자홍이네 어머니와 나이 든 할아버지 허춘삼은 보상금을 받긴 하지만 부족하다. 허춘삼은 일부 펀드에 투자하며 마지막까지 마을을 지킨다.

영화에서 여러 번의 저승세계 재판은 그 경계가 있다. 영화에는 영화 속 공간의 변화가 화면에 적시되어 있고, 영화 속 장소는 대본에 적혀 있다. 2편은 감정의 변화에 중점을 두었기 때문에 저승의 관계가 크게 부각되지 않지만 대본으로 확인할 수 있다. 이 영화는 지옥을 그리고 있기에 현세에서는 상상하기 힘든 구조이다. 다만 영화가 허락한 상상력 안에서 인과관계가

표 2. 〈신과 함께: 인과 연〉의 구성

제목	내용	지옥 이름
49번째 귀인	차사들이 노인 허춘삼을 만남	천륜 지옥
성주, 과거	철거 지역 연리동에 대하여	나태 지옥
고아	전생에서 처사 강림이 동생에 짐	거짓 지옥
배신	철거반 현동이네 집에 친입	배신 지옥
죄책감	수홍이 죽게 된 원인을 알아가게 됨	불의 지옥
진실	차사들이 전생의 사인(死因)을 알게 됨	폭력 지옥
고백	수홍의 환생이 결정 됨	살인 지옥

참조: 김용화 오리지널 각본

성립한다면 이야기 흐름을 수긍할 수 있게 된다. 그리고 제목마다 저승과 이승이 함께 전개되면서 이야기가 서로 귀인(전생에 억울한 죽음을 당한 이)을 위한 문제해결로 이어진다.

미디어를 통한 사회적 문제 논의

파울 애덤스(2009)는 미디어와 지리학의 교차점을 탐구하며, 디지털 시대의 공간적 관계와 사회적 구조를 이해하는 데 중요한 통찰을 제공한다. 그가 저술한 저서 『Geographies of Media and Communication』에서 피하주사 모델과 지역적 사태를 연관지어 설명했다. 피하주사 모델(Hypodermic Needle Model)은 미디어와 커뮤니케이션 연구에서 초기 모델 중 하나로, 1920년대와 1930년대에 주로 발전했다. 대중 매체가 수용자에게 강력하고 직접적인 영향을 미친다는 가정을 기초로 한다. 당시에는 라디오를 통해 세계대전에 대한 소식을 전했다. 선전활동처럼 미디어의 강력함을 말해 준다. 대중매체와 함께 이론이 발달하고 수용자 입장에 대한 연구가 늘어나면서 비판을 받고 있다.

본 영화는 1227만(2018년 9월 기준) 관객 이상을 동원했고 넷플릭스를 통해 현재도 관람 가능하기에, 다수가 관심을 가졌다는 것을 전제로 한다. 지금은 사라진 재개발 지역이 영화 속 배경으로 등장했다는 것은 기록의 효과가 있다. 실제 장소에서도 미디어의 영향력을 확인해 볼 수 있을 것이다.

영화를 통해서도 커뮤니케이션을 하게 되면서 "지역적 사태(local contingencies)[39]"를 토론할 수 있다. 국경, 경계, 포섭과 배제와 관련한 지리적 사고가 미디어 힘의 관계에서 어떻게 위치 지어지느냐에 따라 결정된다 볼 수 있다(Adams, 2009). 지명이나 알려진 정보로 지역을 알 수 있다면, 미디어로 전해지는 배경이 어떠한 영향을 줄 수 있는지를 생각해 볼 수 있다. 지옥의 경계가 지역적 특색과 연관짓기는 힘들다. 하지만, 판타지 영화일지라도 그 지역이 선택된 과정과 다른 장소가 배제된다면, 어떤 현실인지를 비교해 볼 필요가 있다.

〈신과 함께: 인과 연〉의 주제는 지옥에 따라 경계를 넘어선다. 7개 지옥을 지나 억울하게 죽은 귀인이 지옥마다 재판을 받으며 이동을 한다. 시각적으로 보이는 경계가 명확하다. 천륜 지옥에서는 49번째 귀인이 등장하고, 현세에서는 노인 허춘삼을 저승으로 데려가려고 차사들이 내려왔다. 천륜 지옥이 의미 있는 것은 전편에 귀인이었던 자홍의 동생 수홍이 등장했고, 이 둘을 알고 있는 허춘삼이 인연의 고리를 설명해 준다. 나태 지옥에서는 집을 지키는 성주에 대한 설명이 가상의 연리동과 함께 나온다. 회자정리(만나면 헤어짐이 있고), 거자필반(떠난자는 반드시 돌아온다)을 처사들이 읊조리면서 수홍의 어머니가 흉가가 된 재개발 지역을 떠나가는 것을 아쉬워한다. 지옥의 이름만으로도 천륜, 나태, 거짓 지옥을 지나 수홍의 죽음에 대한 심문이 이어지고 불의, 폭력, 살인 지옥을 통해 환생하게 된다.

7개의 에피소드가 이어진 주요 내용은 지옥의 단면을 보여 준다. 가장 무섭다고 설명되는 배신 지옥은 믿음에 대한 신의를 져버려서인지 얼음 감옥에 죄인이 갇히게 된다. 이러한 자세한 설정과 장치들이 판타지 영화로 빠져들게 하는 데 도움이 된다.

도시 재개발

웹툰을 영화화한 것으로 사후세계가 현시적으로 보여 주는 부분이 공감할 수 있는 주제로 재개발 이슈가 있다. 도시로 집중되는 개발에 따라 혜택을 받은 사람들이 도시로 들어오면서 저소득, 저학력의 인종 소수자들은 주로 주거비 상승 때문에 도시 밖으로 이동하거나 또는 밀려나게 된다. 이러한 변화의 최종적인 결과는 빈부격차가 심화되고, 부촌과 빈촌의 괴리감이 생긴다는 것이다. 결국 도시 문제의 핵심이 불평등으로 이어진다(리처드 플로리다, 2023). 이 영화의 재개발 지역은 마포 일대이다. 현리동이라 불리는 지역의 배경으로 익히 알려진 마포 래미안 푸르지오가 여러 번 보인다. 영화 속 공간이 연리동이라면, 실제 촬영지인 마포 래미안 푸르지오는 지하철 2호선과 5호선에 접해있는 언덕에 위치한다. 언덕에는 단독주택과 저층 건물들이 빼곡히 차 있었다. 촬영지는 바로 옆 염리동으로 추측된다. 염리동은 조선시대 도심에서 마포나루터로 가는 길에 소금장수들이 살던 곳이다. 염리동은 재개발과 함께 감성마을 프로젝트를 추진하여 지역의 특색을 살리면서 도시 재생을 이루었다. 이 프로젝트의 일환으로, 골목길과 주거지 주변에 벽화와 예술 작품을 설치하여 지역의 분위기를 따뜻하고 친근하게 만들었다. 영화에 표현된 빈 집들의 벽화들 또한 유사하다. 이는 직접적으로 명시된 것은 아니지만 이야기 무대 뒤로 보이는 장면에서 미루어 짐작할 수 있다.

여느 재개발 단지 이전의 모습처럼 빈 주택들이 가득 있다. 벽은 그래피티로 가득 차 있지만, 성주가 현동이를 위해 그림을 그려 무허가 그림 전시장이 되었다. 영화에서는 성주가 현동이를 위해 1억 펀드를 구입하게 된 경위가 나오는데, 차사들은 그 돈으로 현동이 앞 아파트를 사지라는 말을 뱉는다. 2014년 9월에 아파트단지는 입주하고 주변 아현 뉴타운은 뒤늦게 개발되었다. 영화는 2018년에 개봉한 것으로, 그 주변을 배경으로 입주 이후에 영화가 촬영된 것으로 보인다.

김광섭 시인의 시 「성북동 비둘기」로 익히 알려진 도시 개발에 대한 아쉬움은 영화 〈초록 물고기〉(1997)에도 일산이 개발될 때 갑자기 들어선 아파트에 대한 회고가 잘 드러나 있다. 시에도, 영화에도 그 시절의 한 단면으로 장소가 잘 녹아 있듯이, 영화에서 만들어 낸 연리동 공간에는 떠나는 사람들이 느끼는 그 공간에 대한 그리움이 남아 있다. 재개발에 따른 이동이 묘사된 〈신과 함께: 인과 연〉은 영화 속 공간 연리동에서의 재개발과 수홍이 억울하게 죽은 원인을 알아가는 과정에 연관되어 있어 그 원인과 인연을 다시 생각해 볼 기회를 갖게 한다.

도시 구조의 불평등은 도시 재개발 과정에서 흔적을 남긴다. 구청 용역 철거반이 재개발 지역에 마지막 남은 집인 현동이네를 탄압한다. 이는 수홍이 자신의 죽음을 객관적으로 보게 되는 시점과 평행을 이룬다. 타인에 의해 쫓겨나거나 죽게 되는 것으로 인생이 바뀌게 된다는 것이 결론이 될 것 같지만 진실을 보게 되면서 자신들을 저승과 이승에서 객관적으로 받아들인다. 이승을 보여 주는 영화 속 공간 연리동은 도시 재개발 장소이자 진실을 고백으로 받아들이게 되는 저승으로 연결되게 된다.

3장에서 사례로 살펴보았던, 판타지 영화 〈화엄경〉, 〈시월애〉, 〈인어공주〉 세 편은 영화 촬영을 위해 섬 속의 섬으로 배를 타고 들어가 촬영했다. 그렇게 익히 보지 못했던 알려지지 않은 경관은 판타지 영화 장르에 배경으로 자주 등장한다. 물론 빈집들이 늘어선 재개발 지구 또한 촬영허가를 얻어야 찍을 수 있는 곳으로 접근하기 어렵다. 대본 서문에 따르면 〈신과 함께: 인과 연〉을 촬영할 당시 김용화 감독은 워낙 컴퓨터 그래픽이 많아 파란 화면을 배경으로 연기하는 배우들에 대해 언급한 바 있다. 장소의 특이성을 살려 영화를 촬영하기 보다는 연기에 필요한 공간을 만들어 낸 것이다. 대본과 파란 화면으로 배경을 상상하면서 그려낸 영화적 공간이 판타지 영화에 분량이 많을 것이며 그러한 영역은 또한 새로운 장소에 대한 지평을 열게 한다. 그 덕분에 편집된 마포 재개발 지구나 군사지역 등 현세를 흥미롭게 바라보게 한다.

『영역』(데이비드 딜레니, 2013)에서 영역적 공간, 즉 여기와 저기를 가르는 선의 존재를 가정하지 않고서 정체성, 민주주의, 공동체, 책임성 혹은 안보를 그럴듯하게 설명할 수 있는 것을 착안했다(워커, 1993)는 점이다. 꼭 권력분배만이 아니라 영역성은 공간-권력-의미-경험의 배치로도 존재할 수 있다. 여기에 '의미의 배치'로서 영화에 나타난 영역을 살펴보면, 영화 속 공간이 장소로 이해될 수 있게 영화에 새로운 정보를 제공하여 영역의 내부가 존재한다는 것을 미루어 짐작하게 한다. 영화에 부여된 영역성은 판타지 영화의 성격 또한 결정짓는다. 이는 익숙한 풍경이 아니라 마치 새롭게 보는 환경, 미지의 세계와 그 사이에 있는 현실 소재에 대한 탐구로 이어져 판타지 영화의 고유성을 갖게 한다.

판타지 영화는 새로운 대상이나 모험을 만나거나 갈등을 해소하는 방향으로 내용이 전개된다. 거기에는 신화적 상상력이 바탕이 되어 나라마다 각기 다른 희소한 내용의 판타지들이 만들어진다. 사례 영화처럼 시간을 거슬러 저승세계를 넘나드는 내용 또한 인연을 중요시하게 여기는 우리나라의 문화를 바탕으로 한다. 결국 창의적으로 영역을 그려내는 데에 있어서도 제작자가 성장한 장소에 대한 역사와 문화의 이해를 필요로 한다. 본 사례 영화에서는 과거 고구려 시대에 여진족과의 국경지대에서 있을 만한 이야기를 소재로 삼아 관용과 배제를 통해 전쟁고아 이슈를 다시 한 번 생각하게 한다. 판타지를 통해 과거 역사에 풀지 못했던 수수께기를 풀어가면서 고구려 시대로부터 확장된 것이다. 영화에서는 변방 지역에서 있었던 안시성 전투에서의 업보가 시대를 넘어 현재와 맞닥뜨리게 한다.

로드 무비 〈엘리자베스타운〉에서 모빌리티

로드 무비는 주인공이 목적지를 향해 가는 여정을 다루는 것을 기반으로 한다. 목적지를 향해가는 과정에서 다양한 사람들을 만나고 여러 가지 사건을 겪는다. 그 과정에서 주인공에게 일어나는 사건과 주인공 자신의 정신적 성장을 주제로 다루기에 성격상 성장 영화와 겹치는 경우가 많다. 로드 무비라는 개념은 제2차 세계대전 후에 자동차가 일상에 자리를 잡으면서 스튜디오 촬영 중심의 제작 환경에서 벗어나 현장 촬영과 현실감을 중요시 여기면서 등장했다. 장르 특성상 메소드 연기법을 표현하기에 유리하다. 한 인물에 대해 다면적인 접근이 가능해지면서 리얼리즘에 가까운 인물 내면 연기를 끄집어 내게 된다.

로드 무비는 이러한 장르 특성상 여정에 따른 인물의 이동 과정이 표현되고 인물을 통해 집중적인 감정을 표현한다. 모험 영화가 액션 영화와 교집합이 크듯이, 로드 무비 또한 그 성격상 버디 무비와 그 맥을 같이한다. 여정을 계속 함께하는 친구도 있고, 여행 중에 친구를 만나기도 한다. 어쩌면 낯선 여행지이기에 우리는 더 객관적으로 자신의 내면을 들여다보면서 타인과의 경계를 허물 수 있을지도 모른다. 낯선 곳에서의 주인공의 성장은 여러 사람들을 만나면서, 새롭게 자신을 보게 되면서 시작된다.

로드 무비라는 장르는 길 위에서 만나는 여러 장소와 사람들을 통해 보는 관람자도 여행하고 있다는 느낌을 주고 함께 의미를 찾을 수 있게 이끈다. 영화를 보면서 잦은 이동과 목적지를 향하는 염원은 유동적인 공간을 개개인에게 열리게 한다. 로드 무비가 번역 그대로 '길 영화'나 '로드 영화'로 통용되지 않듯이, 더 넓은 범위에서 길과 함께한 모든 사건이 움직이는 영화 안에서 펼쳐진다. 주인공이 사람들을 만나면서 겪는 정체성의 변화는 깊은 감정 변화의 연기를 가능하게 하고, 이는 메소드 연기를 가능하게 한 계기가 되었다.

영화 〈엘리자베스타운〉

2005년에 외할머니가 돌아가셨다. 외할머니가 돌아가시고 많은 것이 바뀌었다. 그 해 한 달이 지나고, 우연히 본 영화 〈엘리자베스타운〉(2005)은 선물이었다. 주인공 드류 베일러(올란도 블룸)는 아버지 장례식을 준비하기 위해 아버지가 거주했던 곳으로 가는 길에 만나는 사람들에 대한 이야기와 함께 집으로 돌아오면서 현실에 스며드는 내용이다. 영화를 끝까지 보아도 왜 제목이 엘리자베스타운인지 알 수 없었다. 영화 계간지에서 찾은 단서는 카메론 크로우 감독이 아버지가 돌아가시고 난

후, 지난 경험에 영감을 얻어 이 영화를 만들게 되었다고 인터뷰했다는 점이다. 그는 촬영을 마치고 눈물이 어느새 말라 있었고, 비록 두 신뿐이지만 그 공간이 좋아 촬영한 도시의 이름을 따서 영화제목을 지었다는 것이 인상적이었다.[40] 전혀 예상하지 못했던 영화제목 찾기의 결말이었다. 엘리자베스타운은 드류 베일러를 철들게 한 곳이었고, 2005년의 영화 속 그 곳이 나를 위로해 주었다.

주인공이 아버지의 시신을 운구하기 위해 떠나 돌아오는 여정은 그의 심정 변화를 보기에 적절하다. 떠나기 직전에 드류는 본인의 사업 관련 아이디어가 크게 실패하여 슬픔을 겪고 있었다. 아버지와 가까이 지냈던 친척들과 지인들을 만나면서 가족과 자신을 성찰하게 된다. 또한 엘리자베스타운으로 가는 비행기에서 만난 스튜어디스와 도착 이후에도 연락을 하면서 새로운 인연을 만들게 된다. 일도 잃고, 연인도 잃은 상태에서 켄터키주 엘리자베스타운으로 떠났던 드류는 친지, 가족, 새로운 연인을 만나게 되면서 자신감이 회복되어 돌아온다. "진작 이런 여행을 했어야 했는데… 난 뭘 위해 살았죠? 필(알렉 볼드윈, 상사)을 위해서?…" 많이 슬퍼하고 웃으면서 혼자 말을 뱉어낸다. 어릴 적 아버지와의 기억을 회생하기도 하고, 클레어(커스틴 던스트)가 만들어 준 음악 CD도 듣고, 알려준 낯선 곳에서 새로운 사람도 만난다.

영화 〈엘리자베스타운〉의 촬영지를 살펴보면, 대부분이 켄터키주 베르사유에서 촬영되었다. 하지만, 크로우 감독은 엘리자베스타운으로 하여금 고향과 그 곳의 사람들을 연결해 주었다. 여행의 과정에서 드류는 삶의 진실과 사랑의 진정성을 깨닫게 된다. 그 결과 관람자는 상실감, 구원, 자아 발견을 통한 성장을 경험하게 된다. 또한, 이 영화는 켄터키, 오레곤, 캘리포니아에서 촬영되었지만 스토리의 진정성과 매력을 증진시켜 주었다. 지명을 제목으로 한 〈엘리자베스타운〉은 어느 로드무비보다 미국 소도시의 매력을 일깨워 줬을 뿐 아니라, 주인공이 정체성을 찾아가는 여정만으로도 자신만의 장소를 찾아가는 과정을 맞닥뜨리게 해 준다.

로드 무비에서 이동은 항상 기착지를 남긴다. 주인공이 목적지를 찾아가면서 이동하는 과정에서 장소와 사람들을 만난다. 철새가 갯벌에 쉬어 대륙으로 이동하듯, 기착지는 쉬어가는 장소이다. 켄터키 루어블에 도착한 드류는 비행기에서 렌터카로 갈아탄다. 루어블로 가는 비행기에서 처음 만난 스튜어디스 클레어와 새로운 만남을 갖는다.

영화 속 엘리자베스타운은 아버지의 고향으로 루어블에서 45분 정도 떨어져 있는 소도시이다. 아버지 고향 친지와 친척들이 있는 그 곳은 렌터카로 도착하는 드류를 반긴다. 애도의 물결은 일의 실패로 지쳐 있던 드류에게 자신을 돌아보게 한다. 브라운호텔에 머물렀던 드류는 결혼식을 위해 호텔을 며칠 대관한 척과 신디 커플을 만나게 되고 위로받는다. 클레어와 전화 데이트를 했던 드류는 새벽에 일출을 보기 위해 만나고 돌아오는 길에 엘리자베스타운 여기저기서 아버지의 죽음을 기리는 안내판을 만난다.

로드 무비에 목적지는 이야기 장소가 된다. 로드 무비의 거장 빔 벤더스 감독에게는 여행이 목적이거나 여행과 함께한 예술이 소재가 된다. 로드 무비의 소재는 유랑일 때도 있고 문제해결을 위한 목적지가 정해질 때도 있다. 영화의 목적이 주인공의 이동을 보여 주는 것처럼, 로드 무비에서는 길이 무대이고, 새로운 만남은 자연스럽다.

드류의 집으로 돌아오는 길에 클레어가 알려준 하나의 지도대로 미시시피강을 만나 화장한 골분을 다리 위에서 뿌리기도 하고, 멤피스 클럽에 들러 38년 터줏대감을 만나기도 한다. 혼자 음식을 먹고, 로레인 모텔에서 마틴 루터 킹[41]이 최후를 맞이한 침실을 만나기도 한다.[42] 그 곳에도 골분을 뿌리고 죽음은 승리의 시작이다라는 생각을 떠올려 본다. 계속 운전을 해서 돌아가면서 여러 낮과 밤을 지내고, 비도 만난다. 조수석에는 아버지의 유골 항아리를 두고 어렸을 적 추억들을 마주한다. 충분히 슬퍼하고 혼자 숲 속에서 춤도 춰 본다. 운전하면서 다양한 감정을 표현하면서 말도 해 보고, 울어보았다가 크게 웃기도 한다. 아버지를 보내는 길에서 골분을 자유롭게 뿌린다.

그녀의 지침대로 농축산물 시장 거리에 자리 잡은 농축산물 종합시장에 도착한다. 세계에서 두 번째로 큰 시장이다. 애완견 가게에서 스파니엘이라는 품종을 찾으니, 신발가게로 오라는 사인이 있다. 신발가게에서 드류가 디자인한 신발을 찾고 그곳에서 작은 메모를 발견한다. 수많은 인파 속에서 뛰어다니며 빨간 모자의 그녀를 찾는다. 회전목마에서 나오는 음악과 사람들 사이에 제법 빨간 모자가 많다. 인생이 돌아가듯 회전목마는 돌고, 많은 사람들이 불규칙적으로 서로 스쳐 지나간다. 그곳에서 웃으며 서있는 클레어를 발견한다. 드류는 그녀를 만나면서 생명을 떠올린다. 영화 대사에 따르면 "진정한 패배는 새로운 출발이 뒤따른다. 모험이 없으면 승리도 없다."이다.

영화 밖 장소와 커뮤니케이션의 힘

영화 밖 장소로, 제작자 관점에서 촬영지는 어떤 의미가 있을까? 운좋게도 크로우 감독은 본인 홈페이지를 통해 제작일기를 연재[43]하고 있기에 영화에 대한 내용을 살펴 볼 수 있었다. 크로우는 2002년 여름, 〈바닐라 스카이〉(2001)가 개봉한 직후, 그의 아내이자 록 밴드 Heart의 멤버인 낸시 윌슨과 함께 로드 투어를 하고 있었다고 한다. 그는 켄터키를 지나는 투어 버스 안에서 자신을 발견했고, 그 풍경의 강렬한 아름다움에 놀라움을 금치 못했다. 그가 회상해 보니, "전기처럼 푸른 언덕"이라고 부르는 것을 마지막으로 본 것은 1989년 그의 아버지 장례식에 참석했을 때였다. 그것이 그에게 필요한 모든 영감을 주었고 과거를 회상하게 되었다. 크로우는 말하기를, "Heart와의 투어에서 내려와, 렌터카를 얻어, 켄터키에서 길을 잃고, 한순간에 스크립트 전체 이야기를 썼습니다."라고 정리했다.

크로우에게 있어 이 이야기를 들려주는 것은 매우 개인적이고 감정적인 일이었다. 영화에 펼쳐진 내용은 색색의 캐릭터들, 현대 아메리카의 삶과 상실, 그리고 영감에 대한 생생한 모습이었다. 크로우는 이어서 말하기를, "실패와 참사로 가득 찬 이야기를 전하는 아이디어를 항상 좋아했지만, 그 중심에는 오직 사랑을 위해 존재하는 사람이 있습니다. 나는 이런 캐릭터들에 대해 자주 쓰는데, 그들은 나에게 영웅이기 때문입니다. 그들은 실패를 받아들이고 다시 뱉이내고 계속 전진합니다. 그들은 삶을 이어가고 긍정성을 존중하는 것을 믿습니다. 게다가 다른 선택지는 훨씬 더 어둡고 보통 그렇게 재미있지 않죠."라고 전하며 이 영화의 원동력을 제시했다.

제작노트를 보니 영화의 시작은 그의 말처럼 끝과 연결되어 있다. 영화의 끝이 영화의 서막으로 다시 되돌아가듯이, 켄터키에서의 여행은 그에게 새로운 영감과 함께 과거로의 회상 속에서 돌아가신 감독의 아버지를 다시 추모하게 만들어 주었다. 삶과 죽음의 이야기, 치열한 열정, 실패와 성공, 하루하루를 살아가는 일상 영웅의 이야기는 여행이 영화를 만들어 준 것처럼 우리를 반추하게 한다. 크로우는 이어 "우리는 해 년마다 미루어 두었던 모든 그 일들을 함께할 것입니다. 클레어의 영감과 정교한 지도 덕분에 드류는 마침내 그 오랫동안 미루어진 만남에서 자신의 아버지와 자신을 알게 됩니다, 비록 그중 하나가 항아리 안에 있지만 말이죠. 결코 너무 늦지 않습니다."라며 시간의 영속성을 떠올리게 한다. 크로우 감독은 2002년 부인과의 여행에서 13년 전 아버지 장례식을 떠올리며 영화 밖 장소를 선택했음을 알 수 있다.

실제 드류의 역할로 영화에 참여했던 블룸은 영화 촬영을 하며 상상도 못했던 미국의 많은 부분을 보고 감명을 받았다고 한다. 더 많은 것을 보고 싶어 야외 촬영을 마친 이후에 로스앤젤레스로 돌아가는 비행기를 포기하고 네브래스카 스콧스블로프(Scottsbluff)에서 자신만의 로드 트립을 떠나기로 결정했다고 한다. "그냥 개를 데리고 차에 올라 탔어요. 그냥 길을 나섰어요." 여행이 진행됨에 따라 이 배우는 "이 나라가 얼마나 놀랍고 넓은지. 대단하게 아름답다."고 느꼈다고 한다. 영화를 마치고 돌아온 후 블룸은 "정말 놀라운 경험이었어요. 드류의 캐릭터에 도움이 될 수 있는 나만의 로드 트립이었습니다. 그것은 나에게 명쾌함을 주었어요."라고 회고했다.

감독 크로우는 촬영지를 선택하는데 있어 과거 경험에서 연상하여 장소를 활용하였고, 배우 블룸은 맡은 배역에 몰입하고자 로드 트립과 같은 비슷한 경험을 통해 캐릭터를 이해하려고 하였다. 영화 밖 장소는 제작자와 배우, 스탭까지 소통하면서 좀 더 이야기 장소에 빠져들며 커뮤니케이션 하게 만드는 힘이 있다. 그러한 효과로 제작과정에서 준비했었던 내용은 캐릭터, 음악, 엘리자베스타운으로 길과 함께 유기적으로 연결된다.

part III 인지적 공간과 지리적 미디어 문해력의 상호작용

인지적 공간의 생성은 인간이 주어진 환경이나 장소를 어떻게 인식하고 이해하며, 이를 통해 공간적 지식을 구축하는 과정을 의미한다. 과거의 기억과 경험은 서로 영향을 주기 때문에 미디어를 통한 인지적 공간은 결국 촬영지에 대한 궁금증을 남긴다. 개인의 과거 경험은 특정 장소에 대한 인식과 기억을 형성하는 데 영향을 주고, 반복적인 방문이나 미디어 활동은 인지적 지도를 더 명확하게 만든다. 인지적 공간에서는 이러한 모든 것이 공간적 지식을 구축하는 복잡한 과정으로 포섭된다. 주제의 선택과 배제, 등장인물들의 정체성 형성과정 등이 지리적 미디어 문해력의 이해를 돕는다.

인지적 공간은 사람이 심리적으로나 정신적으로 형성한

공간적 인식 또는 개념적 틀을 의미한다. 이는 우리가 물리적인 공간뿐만 아니라, 생각, 개념, 기억 등을 어떻게 구조화하고 이해하는지와 관련된 개념이다. 인지적 공간은 정보의 조직과 관련되어 있기에 개념적이고 추상적인 공간에 대한 것이다. 문제를 해결하거나 사고할 때 사용하는 사고 과정을 탐색하는 데서 시작한다.

지리적 미디어 문해력이 인지적 공간에 어떻게 발현될 수 있는지를 살펴보도록 하자. 첫째, 촬영지 정보 출처와 신뢰성 평가이다. 지리적 미디어 문해력은 미디어에서 제공되는 지리적 정보의 출처를 평가하고 그 신뢰성을 검토하는 능력을 강화한다. 촬영지 정보 분석은 제작자 개인의 공간 인식에서 비롯된 궁금증을 해결해 주어, 미디어를 통해 전달되는 지리적 미디어 문해력의 필요성을 찾아볼 수 있다. 둘째, 미디어의 편향에서 비롯된 오류를 찾는다. 지리적 미디어 문해력은 미디어에서 나타나는 지리적 분포와 공간적 연결을 파악하고 이에 대해 비판적으로 사고하는 능력을 배양한다. 수신된 인지적 공간에서는 특정 공간이나 지역에 대한 미디어 접근이 어떻게 사람들의 공간 인식을 형성하고 변형시킬 수 있는지 예측해 볼 수 있다.

인지적 공간과 지리적 미디어 문해력은 사람들이 환경을 인식하고 이해하는 데 중요한 역할을 한다. 인지적 공간은 주관적 경험과 지각을 통해 형성되며, 지리적 미디어 문해력은 이를 강화하고 확장하는 데 필수적인 도구와 기술을 제공한다. 사례에서 비롯된 교육을 통해 지리적 미디어 문해력을 향상시키면, 사람들은 더 정확하고 비판적인 공간 인식을 가지게 되어, 복잡한 지리적 궁금증을 효과적으로 해결할 수 있을 것이다. 다작이 배출되는 드라마 환경에서 몇 편의 드라마를 사례로 선택하게 된 것은 드라마를 시청하면서 배경으로써 매체 넘어 화면 속 장소가 호기심을 일으켰기 때문이다. 그리고 사례 드라마마다 촬영지들의 각각 특징을 분석할 수 있었고, 그 결과를 지리적 미디어 문해력의 사례로 제시해 보고자 한다.

드라마 〈도깨비〉에서 촬영지 경로

영화를 장르로 구분하듯이, 드라마 구분하는 것이 무엇인지 고민했다. 드라마는 영화에 비해 분량이 많고 장르적 성격도 명확하지 않아 사례 드라마에서 노출 빈도가 높은 공간에 주목해 본다. 네이버에 "도깨비 촬영지"라고 검색을 하면 네이버 지도에 촬영지 정보가 표시된다. 촬영지가 지리정보로 데이터화되어 서울 시내부터 제주도까지 지도에 표현되어 있다. 드라마 제목이 알려지고 데이터 객관화 단계를 거쳐 고유명사처럼 인식된다면 지도에서 쉽게 검색할 수 있다.

드라마 〈도깨비〉(2016)가 사람들에게 기억에 많이 남는 장면을 만들기도 했지만, 흥미로운 점은 "둘레길"이 같이 검색 결과로 나올 정도로 촬영 당시 주변을 잘 활용하였다. 제주도 촬영지(영진해변, 보름왓 등)는 지점이 떨어져 있지만, 캐나다 퀘벡의 촬영지(의회의사당, 크리스마스 상점, 계단, 빨간문 등)를 포함한 국내 촬영지들은 둘레길이 같이 검색될 정도로 길과 함께 만날 수 있다. 미디어 유발 여행의 사례를 찾다가 촬영지들을 길로 찾아볼 수 있지 않을까라는 발생을 해 보았다. 촬영 장소들의 특징을 살펴보면서 드라마의 특성을 분석했다. 정해진 시간 내에 촬영을 해야하기에 촬영의 편의성뿐만 아니라 촬

그림 6. 네이버 지도에서 “도깨비 촬영지” 검색 결과

영지의 이동 동선을 함께 계획했을 것이라 예측했기 때문이다. 더구나 이 드라마가 흥행한 만큼 하나의 샷(shot)일지라도 미세 스팟(spot)의 의미는 거주자나 방문자에게 영감을 준다. 예를 들어 퀘벡의 "빨간 문"은 공간을 연결해 주는 통로로 각인되어 사람들의 기억에 남는다.

촬영지 검색 결과로부터 서울부터 강릉까지 촬영지 스팟에다, 둘레길을 포함한 촬영지 경로를 예측해 본다. 드라마 속 장소들은 드라마 대본에 어울리는 공간이 선택되었지만, 긴 호흡의 드라마에 반복되는 장소들이 화면에 등장하면서 기억된다. 그리고 드라마 〈도깨비〉의 경우에는 촬영지들이 선형으로 이어져 있음을 알게 되었다. 결과적으로 촬영지가 섭외될 때, 드라마 속 장소 경로 의존적 성격으로 인해 공개된 촬영지들의 연결성을 추측해 볼 수 있다. 그 결과로 미디어 유발 여행으로 인해 관광을 활성화 시켜준다거나, 이로 인해 지역 경제 활성화에도 이바지 한다. 그렇기에 촬영 과정부터 미디어에 함께 노출된다. 추가적으로 새롭게 만들어진 장소 이미지 변화는 미디어 장면과 관련된 특정 인식을 심어 줄 수가 있다. 흥행 정도와 상영 당시 사회적 분위기에 따라 거주하고 있는 지역 주민에게까지 영향을 줄 수 있다는 점이다. 미디어 산업의 특성(디지털화, 글로벌화, 콘텐츠 중심, 상호작용성, 브랜드 및 이미지 관리 등)

으로 인해 촬영지 선택과 결정은 미디어 속 장소 간 서로 영향을 주고 받는다.

안국역 일대

안국역 일대는 〈도깨비〉에 자주 등장한다. 인근에 모여 있어 드라마 속 장소를 찾아갈 때는 한 번에 돌아볼 수 있다. 한옥이 늘어선 사간동 골목에서부터 드라마 배경으로 등장한 상점(이니스프리, 솔트24, 베스킨라빈스, 북촌 사진관, 조선어학회, 커피방앗간 등)이 모여 있다. 또한 중앙고, 덕성여고 앞에서의 장면들은 대부분이 야간 장면이다.[44] 시간을 오가며 나누는 대화에 명암의 대비를 둔 것으로 보인다. 중앙고등학교 내부와 앞, 덕성여고 앞에서 찍은 장면과 몇 쇼트를 제외하고는 저녁의 대화들이다. 종로의 오래된 옛 건물들을 잘 활용한 결과이다. 남자 주인공으로 하여금 900여 년 동안 살아오면서 축적해 온 시간을 느끼게 한다. 가장 인상적인 장면의 하나는 주인공 도깨비와 저승사자가 살고 있었던 집으로 묘사된 공간의 문이다. 석조건물 아래 문 앞에서 대화를 나누거나 서로를 기다리는 장소로, 그 문은 운현궁 양관에 있는 양식건물이다. 현재 일반인에게 입장이 허가되지 않는다. 드라마 속에 집은 남양주 세트장이다. 결국 집안 내부는 외관과 어울리게 만들어진 결과이다. 촬영지 섭외 담당자는 클래식한 건물을 원해 근대 건축양식이 강한 그 곳을 선택하게 되었다고 말했다. 그는 이응복 감독이 연베이지색 문을 가장 마음에 들어 했다고 인터뷰하였다."45

드라마 전반에 남자 주인공들의 공간으로 문이 자주 등장한다. 또 다른 상징적인 빨간 문은 드라마에서도 공간 이동을 가능하게 하며, 캐나다로 바로 이동할 수 있게 돕는다. 이 문은 기다림과 대화의 장을 마련해 주는 운현궁의 베이지색 문과 대비되면서 현재와 미래를 오가는 것이 가능하다.

인천 둘레길 11코스

인천 둘레길 11코스를 따라 송현근린공원에서의 놀이터 대화 장면과 배다리 헌책방 거리의 한미서점에는 남녀 주인공들의 만남이 있다. 송현근린공원에 가면 거리 간판에 드라마의 대사 일부를 옮겨 놓았는데 동구를 추가하여 적어 두었다.

"날이 좋아서, 날이 좋지 않아서,
날이 적당해서…
동구에서 함께한 모든 날이 눈부셨다."

이 대사는 드라마 마지막 회에서 둘이 함께한 모든 날이 좋았다는 의미로 나온다. 대사에다 의미상 둘이 함께 한 시간의 의미가 아닌 "동구에서 함께한"을 넣어 사랑의 의미를 장소에 더한다. 그리고 모든 날이 눈부셨다는 말에서 둘이 함께 한 모든 순간이 소중하고 좋았었다는 걸 덧붙인다. 송현근린공원은 2회에서 나오는데 공원에서 뒤로 보이는 야경 장면이다. 드라마 속 공원은 저승사자, 김신, 지은탁 셋이 처음 만나 운명을 실감하게 한다. 빌딩 숲이 아닌 층위가 낮은 건물들을 뒤로 하고 남녀주인공이 대화를 나눈다.

드라마의 배경이 되는 둘레길 11코스는 1960~1970년대 가옥들이 모여 있어 옛 추억이 정취를 카메라에 담을 수 있다. 당시 달동네의 사람들을 테마로 한 '수도국산 달동네 박물관'이 있을 정도이다. 현재에도 촬영 후의 흔적을 볼 수 있게 드라마 속 장면이 거리시설물로 설치되어 있다. 그 둘레길은 전국 3대 헌책방거리 하나인 '배다리 역사문화마을'로 이어진다. 가장 인상적인 장면으로 레몬색 한미서점은 남자 주인공이 상점 안에서 책을 읽거나 상점 앞에서 남녀주인공이 재회하는 장면들로 색감과 함께 각인된다.

안성 서운산 석운사 둘레길

경기도 남단 안성 서운산에 위치한 석운사는 남자 주인공 김신이 8회에 풍등을 올리는 장면에 배경이 되는 곳이다. 흰 눈으로 쌓여 있는 산사에서 풍등을 보내는 장면은 가까이, 멀리서 찍어 절 특유의 분위기를 담아냈다. 또한 석운사 입구에서부터 대웅전에 올라 아래를 내려다보는 장면들은 김신을 둘러싼 전체적인 분위기를 느끼게 해 준다. 한 장소에서 주인공을 두고 옆에서 바라보는 장면, 뒤에서 아래를 내려다보는 장면들이 나타나면서 사라진 등에 적혀 있다. 등에는 주인공 이름 김신과 그를 오해하고 죽인 고려의 왕 왕여의 이름이 적혀 있다. 그 이후 남녀주인공의 얽힌 인연이 펼쳐진다. 석운사는 과거에 매인 운명을 설명하기 위해 중요하게 등장한 곳이다. 김신와 그를 따르는 유덕화만이 있는 흰 눈이 쌓인 고독한 산사에서 영험한 기운이 느껴진다. 하나의 장소일지라도 카메라의 위치와 방향으로 길처럼 느껴지게 촬영할 수 있음을 보여 주는 부분이다.

평창 오대산 월정사 전나무 숲길

강원도 평창군에 있는 오대산 월정사 전나무 숲길은 9회에서 김신이 수능을 마친 지은탁에게 자신이 죽게 되는 운명을 알고도 마음을 고백하는 장면의 배경이다. 다리를 건너 둘이 만나, 새하얀 눈 내리는 숲길에서 각자가 생각하는 사랑에 대한 대화를 나눈다. 대화를 마치고, 숲길 아래서 한동안 서로를 응시하는 장면은 짧은 스틸컷으로 알려졌다. 지은탁과 재회한 전나무 숲길에서 과거 대화와 교차편집되면서 그 곳에서 전달되는 영원한 감정을 교감한다. 각자의 일상에서 그 순간을 회상할 수 있게 만드는 강력한 감정의 터닝포인트가 된다. 지은탁이 근처 스키장에서 일하고 있어서 일하던 복장으로 만난다. 자연에서 둘만의 대화를 나눌 수 있었다는 것, 소실점으로 이어지는 숲 길이 있다는 것은 둘 대화에 집중을 돕게 한다.

강릉 주문진읍 방파제

강원도 강릉 주문진읍 방파제는 김신과 지은탁이 1회에 처음 만나는 곳이다. 지은탁이 바닷가에서 스스로 생일을 축하해 주고 있을 때 촛불을 켜고 간절히 바라자, 김신이 등장한다. 주문진 방파제는 7번 국도와 접근성이 좋아 많은 관광객들이 강릉 여행 코스 중 하나로 방문한다. 또한 오징어가미 공장이었던 1700평의 공간을 활용하여 '도깨비시장'이라는 이름의 카페거리를 조성했다. 현재 드라마가 종영한 이후에도 방파제가 내려다 보이는 카페에서는 도깨비 젤라토를 먹으면서 두 주인공이 만나는 장면을 컬러링으로 채색해 보는 카페 상품이 있을 정도이다. 드라마가 상영된 지는 8년이 지나가지만 사람들에게는 두 주인공이 만났던 바다가 펼쳐진다. 이 장면은 프레임의 삼

분의 일을 바다가 차지하고 전체의 반을 하늘이 차지한다. 둘이 만나는 장면은 스케치북의 수채화 한 장처럼 푸르다. 현재 그곳에 가면 누구나 두 주인공이 바다 끝에서 만나는 장면을 연출해 볼 수 있다.[46]

위 사례들이 유의미한 것은 현실에서 여행 중에 길의 하나로 만날 수 있기 때문이다. 드라마를 보고 있을 때에는 주인공이 도깨비이기에 어디서 어떻게 갑자기 나타날지 모른다. 두 주인공이 서로를 떠올리면서 동서고금을 막론하고 여러 장소들을 이동하면서 등장한다. 영어 제목을 〈Guardian: The Lonely and Great God〉으로 지은 것은 서로에게 지킴이로 연결된 공간을 오가면서 만나는 것을 의미하는 건 아니었을까? 대본에서 나열된 드라마 공간들은 등장인물들이 덧입혀져 드라마를 본 관람자들에게는 기억에 남는 장소로, 여행자들에게는 발길이 닿는 여행지로 손짓한다. 그 길에서 900여 년을 거슬러 올라가 고려시대부터 비롯된 인연의 고리와 만난다. 〈도깨비〉가 길로써 실제 세계를 만나게 된다는 것은 시간의 켜가 쌓여 만들어 놓은 통로를 찾아가는 것 같았다. 다른 타임슬립 드라마나 영화처럼 서로 영향을 주어 과거가 바뀌면 현재가 달라지는 것이 아니라 고정된 과거 기억을 현실에서 치유해 가면서 사람과 신이 만난다는 설정이 인물마다 긴 서사 공간을 갖게 만들어 냈다.

드라마 〈슬기로운 감빵생활〉에서 감옥으로의 몰입감

감빵을 소재로 한 영화는 가능했지만, 호흡이 긴 드라마에서 주요 생활공간이 감옥으로 나오기엔 무리가 있다. 제한된 좁은 공간을 소재로 영화에 비해 호흡이 긴 드라마를 촬영하는 것이 어렵기 때문이다. 네이버에서 이 드라마를 검색해 보면 "감옥을 배경으로 미지의 공간 속에 사람 사는 모습을 그린 에피소드 드라마"라고 요약되듯이 제목에서 불러오는 호기심은 공간에서 비롯된다. 영화 〈빠삐용〉(1973)이나 〈쇼생크 탈출〉(1995) 등의 탈옥수 줄거리에서 벗어나 생활공간으로 감옥이 소재가 되긴 어렵기 때문이다. 미국 드라마 〈프레즌 브레이크〉(2005) 또한 시즌 1은 감옥, 시즌 2는 탈출 이후 외부로 확대되었고, 집중적으로 감옥만을 다루기 어렵다는 것을 짐작할 수 있다. 게다가 이 드라마가 42~45분 22부작 약 924분이라면, 〈슬기로운 감빵생활〉(2017)은 90분 16부작으로 약 1440분(24시간)을 방영했다. 감빵으로 희화화된 공간에서 새로운 인간상들을 만날 수 있다. 교도소라는 배경에 대해 제작진은 인터뷰에서 "3평 남짓한 공간에서 10명이 넘는 사람들과 살을 부대끼며 살아가야 하는 공간이다. 교도소에서는 서로를 부르는 이름도, 나이와 직위도 그리고 자유 또한 없다. 이름 대신 수용 번호를 부르고, 사회에서 어떤 위치였든 모두 푸른색의 죄수복을 입는 곳"이라고 설명했다.[47] 미디어 공간의 확장은 책을 읽으면서 간접경험을 하듯이, 가보지 않은 공간에 대해 엿보기를 할 수 있게 도와준다.[48]

이 드라마에 주요 장면은 〈도깨비〉의 베이지문처럼 안과 밖이 나뉜다. 운동장이나 외부 시설은 법무부 지원으로 오래된 장흥 교도소를 활용하였고, 내부는 법무부와 경기도 의정부시의 지원으로 의정부에 교도소 내부 세트장을 마련했다. 드라마를 보고 있을 때는 편집으로 전혀 상상할 수 없지만 실제 장소와 만들어진 공간이 화면에서 이어져 장면들로 연출된다.

(구) 전남 장흥 교도소

2015년에 장흥 교도소가 새로 지어 옮겨지고[49] 오래된 장흥 교도소는 남아 있다. 2019년에 장흥군이 매입한 (구) 교도소는 문화예술복합공간으로 활용되고 있다. 교정공간이었던 이곳은 유휴공간이 되어 설치미술이 전시되거나, 오픈 스튜디오로 영화나 드라마 촬영지로 쓰인다. 2023년 9월에는 문화체육관광부 '2020년 유휴공간 문화재생사업' 공모에 선정돼 사업비 103억 원을 확보했다. 하지만 지금도 현재진행형으로 문화재생사업을 추진하고 있다.[50] 영화 〈마더〉(2009), 〈1987〉(2017),

〈밀수〉(2023), 〈하이재킹〉(2024) 등이 장흥교도소에서 탄생한 작품들이다. 이 외에도 드라마 〈슬기로운 감빵생활〉(2017), 〈더 글로리〉(2022) 등을 찍었다. 오래된 건물을 국유자산으로 활용하고 있는 사례이다. 매년 20편 이상이 영화나 드라마로 촬영되어, 고립감과 고독은 감옥 체험 상품으로도 이용된다. 미술 전시를 하거나 체험으로 감옥에서 놀아보는 행사를 진행한다거나 상황극을 경험할 기회를 가졌다.[51] 이러한 공간은 실제 장소를 활용하여 극에 사실성을 높이고 자연스럽게 미디어 공간으로 들어가게 도와준다.[52] 닫혀 있는 제한된 공간에서 생활한다는 것이 내용 전개에 대한 기대감을 줄이지만, 드라마와 같은 긴 호흡의 미디어 공간도 연출이 가능함을 이 사례를 통해 살펴볼 수 있다.

익산 교도소 세트장

익산 교도소 세트장은 2005년에 성당초등학교 남성분교가 폐교한 후, 교도소 세트장으로 재건하였다. 세트장으로 만들었기에 법원, 접견실 등 체험 공간으로 일반인도 입장할 수 있다. 오래전에 만들어졌기 때문에 교정 공간은 촬영하는 곳으로 알려져 있다. 촬영된 드라마 또한 많다. 평소에 관람이 가능하여 죄수체험을 할 수 있게 죄수복이 같이 있거나, 재판장, 수송

버스 등 교정공간을 상상가능하게 해 준다. 하지만 16회 분량으로 드라마 〈슬기로운 감빵생활〉을 만드는 데 어려움이 있어 의정부에 새로이 세트장을 건립하였다.

의정부 서부교도소 세트장

드라마 제작진은 의정부의 협조로 530m^2(약 160평)에 달하는 부지를 임대해 드라마 초반 구치소 및 서부교도소 세트를 건립했다. 신 감독이 전작 드라마 〈응답하라 1988〉을 의정부에서 촬영했던 인연을 이어 협조를 받았다.[53] 제작진은 "이 세상에서 가장 낯선 환경, 더 나아가 최악의 환경에 놓이게 된 주인공에게 어떤 일이 벌어질지, 어떻게 적응해 나갈지에 대한 이야기를 풀어보고 싶었다"고 전했다. 그리고 내부 생활을 좀 더 리얼하게 표현하기 위해 실제 교도소의 일부를 촬영하기도 했다고 한다. 이어, "재소자들뿐만 아니라 반대로, 그들이 볼일을 보고 잠을 자고 밥을 먹는 것까지 24시간 지켜봐야만 하는 교도관들에게도 자유가 없는 것은 마찬가지인 공간이다. 교도관들의 이야기까지 세상의 끝의 집 교도소를 둘러싼 다양한 인물들과 사연들을 들려주려 한다."고 덧붙였다. 이러한 사항은 줄거리에 실제 제소자들의 인터뷰에서 얻은 에피소드를 첨가했다.

드라마의 주 무대가 되는 서부교도소는 현실세계에서 존

그림 7. 〈슬기로운 감빵생활〉에 감옥
(사진 1: (구) 장흥 교도소 세트장, 사진 2: 의정부 서부교도소 세트장,
사진 3: 익산 교도소 세트장, 출처: 블로그와 드라마 장면 촬영)

재하지 않는다. 서울에 남부·동부 구치소가 있긴 하나, 서부교도소는 드라마를 위해 만들어 낸 공간이다. 드라마 속 장소로 자리 잡기 위해 서부교도소는 의정부 세트장을 기반으로 (구) 장흥 교도소, 익산 교도소 세트장에다 협조를 얻은 후 실제 교도소를 추가적으로 활용하여 그림 7처럼 드라마 속 장소로 새로이 만들어진다.

드라마 속 서부교도소에는 교도소를 재현하기 위해 야외 운동장 벽에 "법질서 확립"이 적혀 있고, 교정 공간(방, 접견실, 강당, 작업실 등)임을 인식할 수 있도록 세트장을 정교하게 만들었다. 또한 프레임 밖에 제작자가 촬영을 돕는 공간이 확보된 스튜디오를 만들었다. 카메라가 구체적인 장면을 담을 수 있게 하기 위해 세세한 연출과 촬영 장비를 넣어 제작자들이 있을 공간을 확보하여 추가로 만들었을 것이다. 게다가 서울 가까이 의정부에 세트장을 만들어 촬영 편의를 도왔다. 드라마 속 공간인 교도소 장면들이 교차편집되면서 미디어 장소 서부구치소로 변모한다.

사실적으로 교도소를 재현한 것은 감옥으로의 몰입감을 높인다. 김제혁 선수의 머그샷[54]이 그려진 포스터에는 "제 인생의 시작은 지금부터입니다"가 적혀 있고, 김제혁 선수와 교도관 이준호가 서로 교차하는 투 샷에는 "여기가 인생의 끝은 아니…겠죠?"라 씌어 있다. 일반인들에게 잘 알려지지 않은 감옥 또한 하나의 역할을 하고 있다. 익히 알려진 대로 앙드레 바쟁이 말했던 "공간도 연기를 한다."가 여기에 해당된다. 연출과 편집으로 모두 하나의 장소 서부교도소인 것처럼 보이지만, 실제로는 여러 촬영지의 감옥 장면으로의 몰입을 통해 김제혁이 머무르는 가상의 장소로 자리 잡게 만든다.

드라마 〈사랑의 불시착〉에서 미지의 공간

〈사랑의 불시착〉(2016) tvN 홈페이지에 들어가면, 기획 의도가 적혀 있다. "대한민국 여권은 유능하다. 우리 여권만 있으면 무비자로 갈 수 있는 나라가 무려 187개국에 이른다. 하지만 어디나 통하는 이 여권으로도 절대 갈 수 없는 나라가 가장 가까이에 있다. 언어와 외모도 같고 뿌리도 같지만 만날 수 없고 만나선 안 되는 사람들이 사는, 이상하고 무섭고 궁금하고 신기한 나라. 때문에 우리는 더욱 궁금하다…"라고 말이다. 남한의 기업후계자인 세리가 북한에 불시착하면서 제목은 빛을 낸다. 미디어 공간이 좋은 것은 가보지 못한 세계, 이를테면 우주에 관한 것 또한 구현 해 낼 수 있기 때문이다. 가깝고도 먼 국경지대, 그리고 상당한 분량을 차지하는 북한 배경의 이야기가 우리에게도 생소하다. 어쩌면 넷플릭스를 통해 우리나라에 대한 사전 지식없이 이 드라마를 접하는 외국인이 있다면 왜 바로 한국으로 돌아오지 못하는가에 대해 궁금해 할 수도 있다.

봉인된 DMZ

한반도의 DMZ는 1953년 이후 접근이 어렵다. 광복 이후 38선으로 분단된 것과는 다르게 한국전쟁이 종료된 이후, 각자가 점유했던 지대를 따라 동서로 약 250km에 남북으로 약 4km로 뻗어 있다. 이 곳에는 군사활동도 금지되고 민간인도 거주할 수 없다. 드라마 1회부터 여주인공 윤세리는 난기류의 영향으로 패러글라이딩을 하다 북한에 난착하게 된다는 설정이다. 윤세리가 북한에 머무르는 동안 DMZ는 물론 개성, 평양 인근이 묘사된다. 본 드라마에서는 착륙했을 때부터 다시 남한으로 가기 위해 도전할 때마다 DMZ가 등장한다. 기획 의도에서 밝힌 가깝고도 먼 곳의 이야기를 재연하는 데에는 DMZ가 시작점이 된다. 남북분단 당시 38선을 경계로 한 DMZ는 강력한 군사적 의미가 없었다. 전쟁이 멈췄던 경계가 의미 있을 뿐이다. 예로, 38선 인근 고성에 위치한 김일성 별장[55]은 현재도 접근 가능하다. 한국전쟁 이후 각 진영의 점유지대를 중심으로 군사분계선을 확정하고 이에 따라 현재의 비무장지대가 설정되었다. 비무장지대는 40여 년간의 출입 통제 구역이었기 때문에 자연이 잘 보존되어 있어 자연생태계 연구의 학술적 대상으로 지목되고 있다. 아이러니하게 1945년 분단 이전에는 북한 지역에 속했으나, 현재 남한 지역에 속하는 강원도의 일부 지역은 땅굴, 전망대 등 DMZ투어로 모호하게 불리면서 접근 가능하다. 예로 철원에 있는 소련식 노동당사는 서태지와 아이들 3집 「발해를 꿈꾸며」(1994)의 뮤직비디오 촬영장이 되기도 했다.

〈사랑의 불시착〉에서는 세리가 착륙하던 남북한의 DMZ를 제주도 아라동이나, 서귀포 치유의 숲을 시작으로 천연의 자연이 남아 있는 장소를 이용하여 구현했다. 아라동의 역사문화 탐방로는 원시 숲의 느낌이 살아있어 세리가 안착해서 나무에 걸렸을 때 화면에 나타난다. 주위를 살피던 세리와 리정혁이 만나는 숲은 서귀포 치유의 숲으로 기다란 편백나무들이 들어서 있다. 인적이 드물어 그대로를 유지한 남쪽 끝 제주도의 자연환경이 오히려 DMZ를 표현하기에 적합했다는 것이 아이러니하다. 세리의 패러글라이딩 시작은 강원도 별마로 천문대에서 시작되었지만 착륙은 제주도에서 이루어진 셈이다.

북한 배경 촬영지

평양에서 백화점을 소유한 서단이 러시아 유학을 마치고 엄마와 함께 백화점 쇼핑을 나선다. 인천 부평에 위치한 모다 아울렛(구 롯데백화점)은 주변에 높은 건물이 없어 드라마 속 평양 백화점으로 위풍당당하고 압도적인 분위기를 자아낸다. 인천은 서울과 가깝고 근대화가 일찍 진행되었기에 과거시대와 공존하고 있는 공간들을 많이 찾아 낼 수 있다. 신제물포구락부 스튜디오 또한 엄마와 서단이 서양식 드레스를 맞추기 위해 찾아간 평양 시내 비밀스러운 부티크 옷가게를 잘 표현한다. 지하로 내려가는 목제 계단, 오래된 양장점 분위기, 곳곳에 있는 과한 조화들이 평양에 가보지 않았지만 마치 평양일 것 같은 느낌을 자아낸다.[56] 실제로 이 스튜디오는 개화기 콘셉트의 스튜디오로 운영 중이다. 드라마에는 나오지 않지만 프레임 밖 1층에 수제로 만드는 양복점이 있다는 것 또한 그 분위기를 함께 느끼게 해 준다.

극 중 평양에서 세리와 정혁이 지정된 사진관에서 여권사진을 찍기 위해 호텔에 머물게 된다. 그 곳이 바로 부산의 코모도 호텔이다. 그 호텔은 1972년에 지어졌으며 당시 유행하던 동양식 건축 외관을 정상에 설치했다. 기와가 있는 고층건물로 나무 기둥을 표현한 곳에 붉은색들이 배치되어 있다. 실제로 비슷한 외관을 가진 건물이 타이베이에도 있다. 그 호텔은 붉은색과 노란색 지붕의 전통을 고수한 현대 건물로, 쉽게 볼 수 있는 건물이 아니다. 이를 잘 활용하여 정혁과 세리가 평양에서 머무르는 시기가 잘 표현된다. 리정혁과 윤세리가 저녁에 대동강 맥주를 마시러 가는 맥주집 또한 인근 부산 송도에 있는 라이브카페이다. 정전으로 인해 잠시 침묵하게 되는 순간들, 갑자기 불이 들어오자 창으로 내다보이는 첫 눈 등이 펼쳐진다. 부산 송도가 보이는 창보다 각진 소파, 나란히 앉은 자리가 둘 사이를 더욱 가까이 다가가게 해 준다. 이어 서울에도 눈이 내리고 같은 기상권 아래에서 다른 삶을 사는 모습들이 대비되어 나온다.

드라마에서 리정혁이 모는 자전거를 타고 세리가 집으르 돌아오는 장면이 있다. 태안에 있는 청산수목원의 낙우송길이다. 흙길에 반듯하게 뻗은 좁은 길 사이로 나무들이 길게 쭉쭉 뻗어 있다. 제작자들은 북한을 재연하기 위해 자연의 비중이 높은 길과 배경을 선택했다. 그리고 세리가 북한에서 인민군들과 소풍을 떠나는 갈대밭이 나온다. 드라마에서는 모닥불을 피우고, 세리는 무반주로 노래를 부른다. 이 장면이 줄거리에서 인상적인 것은 정체가 발각될까 마음 졸이던 윤세리가 북한에서 마지막 소풍이라 생각했기 때문이다. 윤세리 예상과는 다르게 리어카에 새끼 돼지를 끌고 떠나는 색다른 하루였다. 이 장면의 배경이 된 충주 비내섬은 축구장 138배 크기이고 남한강의 중간에 위치해 있는데, 이곳이 촬영지로 선택된 것은 갈대숲이 보존되어 있기 때문일 것이다.

이 드라마에서 인상적인 장면은 구체적으로 개성역과 평양역이 재현되었다는 점이다. 평양역은 이정효 감독이 북한의 공간 중 가장 심혈을 기울인 곳으로 울란바토르역을 선택했다. 제작진은 평양역을 구현하기 위해 여러 곳을 헌팅했고, 결국 몽골 울란바토르에서 촬영되었다. 특히 국방색의 오래된 기차가 여전히 운행 중이라 어렵게 섭외에 성공했다는 후문이다.[57] 초원을 뒤로 하고 달리던 기차가 멈춘 상황을 연출한 것으로 드라마 강약이 조절된다. 몽골은 1927년에 소련 다음으로 두 번째 사회주의 국가로 근대화를 맞았다. 소련의 위성국으로 알려지다가 자본주의 시장경제를 도입하고도 체제 전환의 애로 사항이 많아 사회주의 흔적이 많이 남아 있는 편이다. 간접적으로나마 북한의 도시 설계 또한 유사할 것이라 추측 된다.

북한을 재연한 스튜디오 촬영장

리정혁은 개성 남쪽 휴전선 근처 군부대 마을에서 산다. 이를 재연하기 위해 횡성 묵계리 유휴지에 오픈스튜디오를 만들어 촬영을 했다. 이 유휴지는 폐부대를 활용한 것으로 여러 영화와 드라마가 촬영되었다. 29만여㎡에 이르는 이 공간은 횡성군과 강원문화재단의 협업으로 각종 영상물의 촬영팀을 꾸준히 유치해 온 곳이다. 카카오 채널을 통해서 촬영된 스튜디오 촬영장을 영상으로 살펴 볼 수 있다.[58] 북한군 부대 시설은 물론 리정혁이 살았던 마을과 장마당이 펼쳐진다. 이야기 무대의 주가 되었던 리정혁이 살았던 군부대 마을은 안면도에 촬영장을 만들어 사용한 후 드라마가 마친 후 2020년 2월에 철거하였다. 대지 대여 기간이 마쳤을 수도 있고, 우리나라에 존재할 수 없는 공간이라 드라마 종영과 함께 없앤 것으로 보인다.

미지의 세계에 대한 봉합

드라마에서 봉합[59]은 시청자가 이야기 속에 몰입하고 등장인물과 정서적으로 연결되도록 만드는 서사 기법이다. 봉합을 통해 시청자는 드라마 속 세계를 더 생생하게 느끼고, 등장인물의 감정과 상황에 더 깊이 공감하게 된다. 재미난 상상이었던 남녀북남의 재회 또한 제삼세계에서 마무리된다. 미지의 세계에 대한 결말은 드라마에 더 몰입하게 만들고 있는 그대로 미디어 공간에 빠져들게 한다. 미지의 세계에 몰입하게 하는 또 하나의 장소는 북한에서 두 주인공이 만나기 전 스위스에서 만난 적 있었다는 내용과 그들이 남한에서 헤어진 후, 스위스에서 다시 만난다는 내용이 연출되는 곳이다.

처음 장면은 리정혁과 윤세리가 북한에서 만나기 전 스위스 시그리스빌 다리에서 인연이 있었다는 사실을 털어놓게 되는 장면으로 포천시 영북면에 소재한 '한탄강 하늘다리'에서 촬영됐다.[60] 추가로 과거에 만났던 장소로 린덴호프에는 인트로에 두 주인공이 지나치는 교차로가 있다. 어긋나지만 서로 만난 적이 있었던 순간을 그려낸 장면이다. 그리고 이젤발트 브리엔츠 호수에서 리정혁의 피아노 연주가 있었던 푸른 배경이 있다.[61] 세리는 그 이후 스위스에서 들었던 리정혁이 작곡한 피아노 반주를 외우게 된다. 서로의 얼굴을 기억하진 못했지만 장소와 함께 음악을 공유해 온다. 자신에 대한 상실감으로 거리를 걷던 세리는 무의미하게 그 공간들을 지나쳤지만 리정혁의 멜로디로 채워 한국으로 돌아온 것이다.

불시착 이후 북과 남에서 만남의 서사를 그리고 사실적으로 헤어지게 된다. 그리고 그들이 헤어진 이후 스위스에서 다시 만나 피크닉을 하는 지점이 룽게른 호수의 북쪽 끝에 있는 카이저스툴 마을이다. 이 마을은 복잡하게 얽혀 있었던 인연인 둘이 다시 재회하는 곳으로 등장한다. "저 푸른 초원에 그림 같은 집을 짓고…"라는 가사를 가진 가요에 등장할 만한 호수가 내려다 보이는 언덕 위의 나무집이다. 제 삼국 스위스에서 시작과 재회를 같이한다. 이 과정에서 미지의 세계인 북한이 봉합된다. 이질적인 두 세계가 만나 어떻게 결말 맺어지는가에 관심을 갖게 되는데, 제삼국이라는 장소 봉합을 통해 성공적으로 해결된다. 현실을 잊고 이야기에 몰입해 시청자는 캐릭터의 감정과 상황에 공감한다. 미지의 공간에 대한 궁금증은 역설적으로 지리적 미디어 문해력으로 설명이 가능했다.

part IV 지리학을 통해 본 미디어 속 상징 스팟 : 촬영지가 왜 궁금할까요?

앞서 세 개의 장에 걸쳐 미디어와 지리학이 만난다면 설명할 수 있는 사례들을 살펴보았다. 각각의 개념이 영화에서 어떻게 적용되는지, 장르적 특성이 장소 설정에도 영향을 줄 수 있는지 등을 살펴보았다. 그리고 방영 시간이 길어 노출 빈도가 높은 촬영지 정보들을 정리하면서, 드라마에서도 지리적 미디어 문해력이 공간을 장소로 이해하는 데 도움이 된다는 것을 확인했다.

이번 파트에서는 지리학을 통해 본 미디어 속 상징 스팟의 사례를 추가로 살펴보고자 한다. 간략하게나마 미디어 속 상징 스팟을 찾게 된 것은 지리적 질문을 갖게 한 작품들을 찾아내면서 시작된다. 간단한 의문일지라도 해소가 가능하다면 문제를 설정하고, 지리적 시각으로 대답해 보았다. 왜 장면이 기억에 남았는지, 그 대사가 기억에 남게 됐는지를 되물어보는 과정을 통해 찾게 된 해답들을 토로해 보고자 한다.

여러 개념과 함께 풀이했던 앞선 내용들이 어렵다고 느꼈을 수도 있다. 여러분이 영화나 드라마를 보게 된다면 어떤 질문들을 갖게 되는가? 인물뿐 아니라 촬영 장소에도 호기심이 생기지 않는지 의문으로 남겨본다.

엄마가 갑자기 컴퓨터를 켜고 글을 쓴다고 하니, 첫째가 호기심이 생겼다. "엄마, 어떤 거 쓰세요?", 하던 첫째는 해를 거듭하자 "영화지리가 뭐예요?"라고 묻는다. 그래서 엄마랑 영화 한 편 볼래? 했더니 소스라치면서 뒤로 물러선다. 짧은 스트리밍에 익숙해져 있어서인지 부모와 뉴스는 볼지 언즉 영화는 길다는 편견을 가진 아이다. 영화 상영시간이 길게 느껴지는 첫째 아이는 어느덧 10대가 되어 책이나 만화책을 읽고 영화를 시간 내어 본다. 한 때 나도 졸업하고 바로 육아를 하면서 영화를 관람할 2시간이라는 시간조차 여의치 않아 영화를 멀리했었다. 영화가 왜 좋았었는지도 잊어버렸고, 지리적인 호기심도 잊은 채 당연하게 세상을 바라보고 있었다. 그러나 코로나로 집에 있는 시간이 늘어나고 갇혀 있는 스트레스에서 벗어나기 위해 미디어를 즐겨 활용하게 되면서 영화를 혼자서라도 다시 보기 시작했다. 재작년 코로나 팬데믹 기간에 포스트 투어리즘의 주제를 책으로 엮어, '포스트 투어리즘과 미디어 유발 여행의 관계'에 대해 작년에 집필할 기회가 있었다(정은혜 외 지음, 2023). 엔데믹을 겪고 있을 때 쯤 랜선 여행을 넘어 실제 그곳에 가보고 싶지 않을까 하는 궁금증이 생겼다. 나 또한 그 아이의 물음에 답하고자 뉴미디어를 접하고 있는 아이를 살핀다. 영화로 물은 질문에 미디어로 답하게 된 연유다.

사례 ❶ 역사 영화 〈천문〉에서 비재현 장소

역사 영화에서 재현은 필수적이다. 영화가 시작될 때 지명이나 인물이 실제 사건과 관련 없다고 명시하는 창작 영화가 있기도 하고, 현실을 재현한 것처럼 정확한 날짜와 장소 그리고 고문서의 이름까지 적어 영화적으로 다시 보여 주는 의미를 알리기도 한다. 사료로 고문서의 글이나 사진 한 장, 그림 한 장이라도 있어야지 과거가 상상이 가능하기 때문이다. 상상을 통해 복원한다는 것은 단순하게 상징, 이미지를 도출하는 것에 그치지 않는다. 재현하는 대상에 따라 어떻게 표현하느냐에 따라 권력의 문제와 밀접하게 연결된다. 재현은 순수한 현실의 반영이 아니라 문화적 구성물이라 다르게 보이게 표현할 수 있기 때문이다. 재현의 권력에서 비롯된 현상은 재현의 정치 또한 표현된 것이다. 다른 관점을 배제하고, 특정 지식만이 존재하게 되는 것, 결국 재현과정을 거쳐 만들어 낸 학습 결과가 새로운 정체성으로 자리 잡히게 한다(크리스 바커, 2009). 영화에서 선택된 장소 또한 의미를 전달할 수 있다.

그림 8은 저자의 박사논문 28페이지에서 인용한 것이다. 실제 장소에 관한 논의와 관련하여 후기 구조주의 관점에서 장소는 단순한 물리적 공간 이상으로, 의미와 상징만으로 변화하

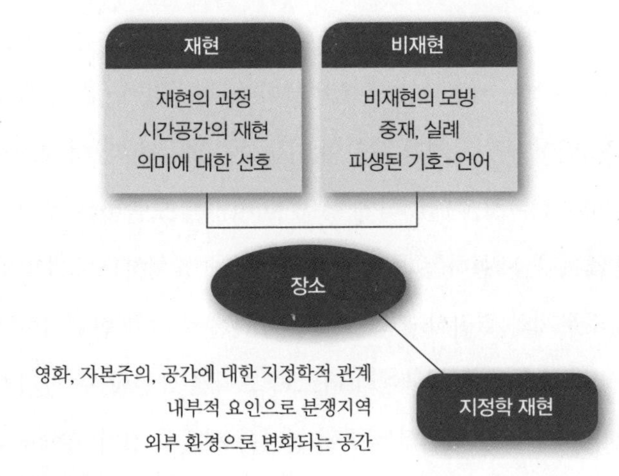

그림 8. '재현'에 관한 논의
(출처: 장윤정, 2013)

고 재구성되는 개념이다. 장소 자체만으로도, 후기 구조주의에서는 장소를 텍스트로 보는 경향이 있다. 장소는 다양한 해석과 읽기를 통해 의미가 생성되는 텍스트와 유사한 면이 있기 때문이다. 대사 전달 또한 특정한 의미를 지닌다.

미디어 재현을 통해 새롭게 만들어진 장소는 무엇이 지리적인 의미를 가지는 시각적 형상인가, 영화적 의미를 어떻게 영화적 장소로 생산하는가, 지리적인 소재가 영상으로 받아들여지는 과정 자체와 관계가 있다(Schlottmann, 2009). 비재현 또한 의미를 갖는다. 대사로 전달된 장소는 화면에 보이지 않고 대사로만 전달되어도 추상적이나 상징적인 장소로 의미를 전달하게 되어 그 의미를 쫓게 만든다.

영화 〈천문〉(Forbidden Dream)(2019)에서 천신만고 끝에 장영실은 코길이(코끼리의 과거 이름) 그림에서 힌트를 얻어 물시계를 만든다. 장영실이 만든 자격루라는 물시계는 정확한 시간을 소리로 알려준다. 세종대왕과의 대화에서 왜나라에서 선물로 보낸 코길이[62]가 전라도 장도에 있다는 언급이 있다. 세종대왕이 코길이를 데려와 형태를 똑같이 만들어 보자고 하자, "코길이 그림은 허상일 뿐 조선의 것으로 조선에 맞는 것을 만들면 됩니다."라고 답한다. 장도를 알고 있었던 사람들에게는 스쳐 지나가는 대사일지라도 어떤 의미를 전달해 줄까? 스쳐

지나가는 장면으로 영화에서는 필요치는 않으나 아이디어를 준 코끼리, 그리고 코끼리의 현 위치를 파악하게 해 주는 단어로 충분하다.

> "대호군 장영실이 안여 만드는 것을 감독하였는데,
> 튼튼하지 못하여 부러지고 허물어졌으므로
> 의금부에 내려 국문하게 하였다."
> – 세종실록 1442년 3월 16일 –

영화는 안여사고 4일 전부터 시작한다. 세종실록에도 언급될 정도로 임금님이 타시던 가마차가 사고가 난 것은 큰 일이었다. 세종실록의 재현 단서로 함께 그려지는 영화 속 이야기는 명나라 사신이 한국에 와 우리나라 과학 수준을 가늠하던 시기이다. 영어 제목 forbidden dream에도 나와 있듯이 금지된 꿈은 세종대왕과 장영실이 발명해 내는 발명품을 내포한다. 장영실은 자격루 외에도 별자리를 관측하는 혼천의를 결합한 옥루라는 시계를 만들어 계절의 변화와 시간의 흐름을 알게 해 주었다. 또한 측우기를 만들어 수표로 강수량을 측정하였고 이는 세종대왕이 치수를 관할하게 도움을 준다.

변영주 감독은 JTBC TV 프로그램 〈방구석 1열〉에서 이 영화에 대해 언급한 적 있다. 변 감독은 세종대왕의 자작극으로 우리나라 과학 수준을 알리지 않기 위해 계획된 사고로 만들어 장영실을 내쫓은 것이라고 영화적으로 해석했다. 알려진 사실은 장영실을 시기했던 이들에 의해 안여를 만든 장영실이 곤란해지게 만든 범죄였을수도 있다는 점이다. 당시 세종대왕은 집현전 학자들과 한글도 만들고 있었으니 변 감독의 관점과 영어 제목에 무게를 실어 국내에서 만들고 있는 여러 가지 사항들을 감추기 위해 세종이 내부 비밀들을 함구한 것으로 볼 수도 있다.

장영실을 명나라로 보내느냐, 보내지 않느냐에 문제는 세종과 장영실이 만났던 영화 초반에 등장한 장도에 주목해 본다. 장도로 보내진 코길이는 상상력의 원천이다. 신문칼럼[63]에서 실제로 『조선왕조실록』에 코끼리가 전라남도 순천부(현재 여수시)에 귀양 갔다고 언급되어 있다. 매립 전에는 코끼리가 헤엄쳐 가야하는 섬이었지만, 현재는 율촌산단에 속해 있는 토지 일부로 동산이다. 장도는 대사로만 전달되는 비재현 장소이지만, 위의 사실들로 하여금 이곳을 궁금하게 만들어 낸다. 영화에서의 장도는 자격루를 만들어 준 상상력의 원천으로 코길이가 머무는 장소이다. 영화 제목 "천문: 하늘에 묻는다"는 측우기, 자격루, 완성하지 못한 혼천의 등의 발명품으로 답한다. 장도로 보내진 코끼리처럼 상상력을 주는 원천으로 실체를 보는 것 또한 중요하지 않았다. 단지 그 의미만이 전해져 장영실이 명나라에 가지 않고도 지금까지 자국의 힘을 주체적으로 이룩해 낸 과학적 사실과 발명품들을 지켜왔다는 내용으로 돌아온다.

사례 ❷ 시대물 영화 〈국제시장〉에서 국제 그리고 시장

시대물 영화 〈국제시장〉(2014)은 압축된 한국 현대사를 보여 준다. 덕수(황정민)는 파독 광부(1963년 1차)로, 베트남 전쟁(1963~1975년)의 산업지원팀 일원으로 참전한다. 이후 한국전쟁 피난길에 잃어버린 동생을 이산가족 상봉 방송으로 만난다. 한 편으로 이어지는 서사시는 국제시장의 영어 제목인 '아버지에게 보내는 시'(Ode to my father)로 알 수 있듯이 한 사람의 개인사를 보여 주는 부분이다. 그는 전쟁피난민이 되어 흥남에서 남으로 내려올 때 헤어진 아버지에게 보내는 시를 가끔 읊조린다. 에피소드에 현실감을 주기 위해 정주영, 앙드레김, 남진, 이만기 등 실존 인물의 젊었을 시절이 교차되어 함께 나온다.

흥남에서 구해져 한국으로 왔을 때 처음으로 찾는 곳이 부산에 있는 국제시장이다. 그에게 국제시장은 어떤 의미일까? 하나는 '국제' 시장에서 새롭게 시작했다는 것이다. 서독 광산 매몰, 베트남 폭격, 미국에 머물러 있었던 이산가족 동생과의 만남 등의 경험은 그의 인생 변화를 풍부하게 해 준다. 그가 국제시장 한 편에서 운영하는 꽃분이네 가게는 국제시장 한편에서 세상 풍파에 올곧이 서 있는 그의 모습과 어울린다. 그리고 둘째는 '시장'에 살아온 그의 처세술이 돋보인다. 시장에 다양한 목적으로 여러 군상의 사람들이 모이고 헤어진다.

국제시장은 한국전쟁 당시 미군 조달품이 매매되기 시작하면서 조성되었다. 1948년에 건물이 지어지면서 자유시장으로 이름이 지어졌으나 2년 후에 개명되었다. 한국전쟁 때 이름이 국제시장으로 개명된 것은 한국을 도와준 16개의 참전국에 대한 고마움으로 표현된 것이다. 국제적인 원조와 서로 간의 협조로 한국은 압축적 성장을 하게 된다. 그 굵직한 삶의 현장에 주인공 덕수가 있다. 덕수는 독일에 파견된 광부로 광산에 매몰되는 경험을 겪기도 하고, 베트남에서 아이의 도움으로 폭파 장소에 벗어나기도 한다. 세대 간의 소통과 나라 간 관계에 화합이라는 에피소드에 집약된다.

시대물 영화에 대한 정확한 정의는 없다. Period film으로 검색되긴 하지만 특별한 역사적 사건이나 특정 인물을 기반으로 하지 않는다. 시대를 알 수 있는 사건이나 인물은 등장할 수 있지만 배경을 설명해 주는 요소일 뿐이다. 그 시대에 있을 법한 이야기, 그 시절을 살아 본 사람이라면 누구나 공감할 수 있는 에피소드들이 담겨 있다. 사실에 근거해 영화 〈타이타닉〉(1998)과 같이 익히 알고 있는 사건을 다룰 때 허구적 설정이 대부분일 경우라도 타이타닉호가 침몰한다는 내러티브만은 꼭 등장한다. 영화 〈국제시장〉에서도 대한민국 현대사의 현장에 있었다는 에피소드는 기억하기에 좋은 장면을 만들기도 하지만, 역사 속에서 개인이 어떤식으로 능동적인 대처를 했는지 보게 한다. 시대물 영화이기에 더욱, 위인이 아니고도 가족을 지켜내는 아버지였음을 더 중점 두게 한다.

그리고 국제적인 사건들에 얽히게 되면서 교통의 발달과 함께 불어온 국제화, 세계화의 물결을 다시금 떠올리게 한다. 제목 국제시장의 이름이 처음에는 자유시장이었던 것처럼, 역사가 누적되면서 '자유'의 의미도 한국전쟁 참전 16개국에 감사하는 것처럼 국제적이 되었다. 제2차 세계대전 이후 세계은행이나 UN과 같은 국제적인 조직이 생기면서, 세계의 모든 나라를 지칭하는 만국이나 국제화라는 단어가 통용되었었다. 하지만, 김영삼 대통령이 1990년 다보스포럼에 참석한 후 우리나라를 중심으로 세계 속의 우리나라를 위하여 세계화라는 용어를 사용하면서 냉전 시대에 이데올로기를 넘어서려고 노력해 왔다.

개인의 삶 또한 조명받게 되었고, 영화 속 시간에서 1983년 '이산가족찾기운동'의 에피소드를 마지막으로 현재(개봉연도 2014년)로 돌아온다. 시간이 누적되어 현재로 돌아온 덕수에게는 시장을 배경으로 한 부산에서의 삶이 남아 있다. 마지막 장면에서는 부산항을 내려다보면서 부인과 대화를 나눈다. 회고 절정(reminiscence bump)이라는 심리학적 용어가 있을 정

그림 9. 영화 〈국제시장〉에서 상점 꽃분이네의 변화

도로 사춘기 시절부터 20대 초중반까지의 기억이 인생의 기억에서 가장 선명하다는 것을 이 영화는 부산의 국제시장을 무대로 보여 준다.

영화 마지막 장면에서 아버지와의 대화로 가족의 이야기를 마무리한다. 국제 그리고 시장의 의미가 가족과 함께 닫힌다. 시대 속에 있었었던 덕수는 이념대립으로 나눠진 국제 물결에 휩쓸려 이동이 잦았고, 그 근간에 시장이 있다. 고모가 경영했던 꽃분이네 상점은 국제시장에서 시대의 풍파에도 고모 성명을 담은 가족의 이름으로 건실히 남겨 놓는다. 한 곳의 장소를 두고도 시대물 영화이기에 그 변화를 살펴볼 수 있다. 그림 9에서처럼 국제시장에서 상점 꽃분이네가 정착하는 과정이 전개된다. 전쟁피난민으로 북에서 내려와 시장에 자리 잡은 덕수의 고모는 1950년대부터 그 자리를 지켜온 것이다.

국제 시장이라는 장소가 그런 곳이 아닐까? 비록 영화 속일지라도 현실의 기반한 에피소드는 관람자들에게 영향을 줄 수 있다. 국내 흥행 순위가 높은 것도 이를 증명해 주지만, 네이버의 평을 읽어 보면 "… 가족과 다시 보고 싶다", "고생하신 아버지가 생각나요", "할아버지 세대의 아픔을 그대로 나타낸 듯" 등에서 볼 수 있듯이 가족의 울타리 안에서 감독의 뜻대로 "소통과 화합"이 전달되었음을 알 수 있다.

사례 ❸ 드라마 〈낭만닥터 김사부〉의 모티브[64] 공간

드라마 〈낭만닥터 김사부〉(2024)는 도심이 아닌 강원도에 있는 도시 외곽 중증외상센터에서 벌어지는 일이다. 이 때문에 시즌 3까지 나올 수 있지 않았을까 싶다. 이은영(2005)의 논문을 보면, 대도시의 사고발생률은 중소도시보다 높으나 사망률은 더 낮았으며 비슷한 사고발생률을 보이는 군지역에 비해 사망률은 현저히 낮았다. 비도시지역의 고차병원 접근성이 도시지역보다 낮았기 때문이고, 119 구급대의 이송 시간 또한 비도시지역이 오래 걸리기 때문이다. 20여 년 전에 지적한 문제가 현실로 나타난다. 한 시간이 골든아워 골든타임이기에 그 시간 안에 도착 가능한 병원이 있어야 한다. 드라마의 배경은 산악지역이라 도로교통이 좋지 않다는 장소적 특성이 있다. 공간적 단절, 고립뿐 아니라 정치적 소외와 타협이 있을 수 있다는 현실은 소위 드라마 같은 에피소드들을 가능하게 한다.

그런 면에서 드라마에 나오는 권역외상센터 에피소드는 공감할 만한 다양한 주제를 접하게 해 준다. 시즌 1(2016년)과 시즌 2(2020년)를 거쳐 시즌 3(2023년)까지 7년의 시간에 걸쳐 한국형 시즌제 드라마가 나오게 된 것 또한 공감할 주제들이 많았기 때문일 것이다. 제작자 인터뷰[65]에서 시즌 1의 1회 탈북자

에피소드부터 시즌 3의 마지막 산불 에피소드까지 어렵지 않은 것이 하나도 없었겠지만, 드라마 설정이 강원도 도시 외곽이기 때문에 접할 수 있는 사건들이다.

드라마 배경으로 강원도

〈낭만닥터 김사부〉는 본래 시즌제를 염두 해 두지 않았기 때문에, 철거된 돌담병원 세트를 다시 세우고 흩어진 소품들을 모아 돌담병원을 똑같이 재현하는 것부터 시작해야 했다고 제작자 인터뷰 기사에서 밝히고 있다.[66] 돌담병원은 시즌 1 시작 당시에는 강원도 정선의 분원이란 설정이 김사부가 은둔하고 있는 곳으로, 등장하는 의사들의 캐릭터가 각자 이 곳으로 모이게 된 이유를 이해하게 한다. 시즌 2에서는 새로이 등장한 커플인 우진과 은재가 분위기를 밝게 해 주는것과 함께 수술실에 사실적인 분위기가 추가된다. 권역센터의 역할보다 웰니스를 표방하는 건강증진목적의 휴양시설이 들어오려고 하지만 현실적인 과제를 수행하면서 변화하게 된다. 위 시즌들에서 인물 설명에 중점을 두었다면 시즌 3에서는 돌담병원과 외상센터가 분리되면서 겪는 인접 공간과의 차이가 드러난다.

포천 돌담병원

드라마 주 배경이 되는 돌담병원은 포천시 산정호수 주변에 위치한다. 2012년 문을 닫은 가족호텔을 개조하여 병원의 외관으로 활용하였다. 그리고 드라마에서 박민국 교수와 김사부가 산정호수를 산책하는 장면이 나오기도 한다. 외관 전경 전달에 그칠지 모르지만 도시 외곽이라는 확실한 이미지를 고착시킨다.

실제 병실 장면은 수도권 병원

실제 수술이나 병원의 내부는 수도권의 실제 병원에서 촬영되었다. 시즌 2에서는 동탄 성심병원, 시즌 3에서는 인천 아인병원에서 심도있는 촬영을 하였다. 그리고 순천향대 천안병원 응급의학과와 외과에 의학 자문을 얻었다.

시즌제 드라마 모티브 공간이 수도권에서 떨어진 정선이라는 발상은 캐릭터와 맞아 점점 깊이 있게 현실을 모사할 수 있었다. 미디어 속 공간이 돌담병원이라는 장소로 자리매김한 것은 여러 에피소드들이 외부와 단절된 고립된 병원이라 것에서부터 시작한다.

사례 ❹ 드라마 〈동백꽃 필 무렵〉의 신비로운 경관

〈동백꽃 필 무렵〉(2019)의 주요 장소는 충청도를 배경으로 한 가상의 소도시 옹산이다. 옹산마을에 대한 촬영은 포항에 있는 구룡포 일대로 일본인 가옥거리 등이 들어선 문화특화마을에서 이루어졌다. 드라마에는 게장거리로 설정되어 있지만, 실제로는 포항에 꽃게가 잡히지 않아 미술작업을 거쳐 게장식당들이 만들어졌다. 그 과정에서 지방자치단체에서 협찬을 받는 것이 아니라 도시의 특성을 변환시키지 않기 위해 포항시에 일정한 비용을 지불하고 제작사가 공간을 사용하였다.[67] 1회부터 옹산에서 살인사건을 접하게 되고, 연쇄살인사건이 일어난 마을로 알려지게 된다. 드라마 안에서 연쇄살인사건을 소재로 한 영화를 찍으러 온다는 대화가 있을 정도로 시작은 흉흉하다. 한정된 마을에서 일어나는 사건들은 궁금증과 함께 신비로움을 자아낸다.

마을을 옮겨놓은 듯한 드라마 속 옹산은 구룡포 일대에서 촬영되었지만, 동백이 아들 필구가 다니는 학교는 충청남도 태안군 근흥면의 근흥중학교에서 촬영했다. 화면 밖에서 충청도로 보여지는 이유 또한 등장인물들의 말투나 수도권과의 접근성 때문일 것이다. 구룡포 마을에 일본 가옥이 들어서게 된 것은 동해쪽에서 고래잡이를 하는 일본인 어부들이 모여 살았던 것으로 추정된다.[68] 어촌의 특성상 언덕 위에 배들이 들고 나가는 것이 내려다보이는 곳에 위치하였고, 일본 가옥의 특성상 목재로 만들어진 건물들이 많다. 이 거리는 2012년에 근대문화역사관을 개관하면서 '구룡포 일본인 가옥거리'라는 이름으로 깔끔히 공사를 하였다.

구룡포 어촌 시작에는 한국인들이 들어설 수 없듯이 비밀스러웠던것처럼 드라마 속 옹산 또한 신비로운 곳이다. 살인범을 잡는 순간까지 로맨스물과 미스테리물을 왔다갔다 한다. 여주인공 동백이 이름을 따서 가게 이름 또한 까멜리아이다. 동백꽃의 꽃말이 영원한 사랑인 것처럼 그녀는 전남친의 고향으로 이사와 새로운 둥지를 튼 곳이 옹산이다. 동백꽃이 피던 겨울에서 봄이 오던 순간들에 동백이는 어릴 때 자기를 버린 어머니와 화해하고 진정한 사랑을 찾게 된다. 그리고 그녀를 사랑하는 경찰관 황용식의 끈질긴 사랑으로 함께 살인범 또한 잡게 된다. 닫힌 공간처럼 보이는 작은 어촌마을이 미스테리한 장소로 남지 않게, 동백 어머니 병환을 치유하면서 새롭게 동백이가 옹산마을에 자리 잡는다. 투석 환자인 어머니가 회복하는 옹산의 기적 또한 옹산 주민들의 합심으로 가능했다. 좁은 마을에서는 서로를 식구처럼 보살펴 주는 따뜻함이 있다.

드라마 마지막에 경쾌한 음악과 함께 쓰이는 자막은 “사람이 사람에게 기적이 될 수 있을까”이다. 까멜리아 간판에 쓰인 글씨와 같은 글씨체로 쓰인 이 글로 옹산이라는 신비로운 공간은 드라마를 접한 시청자들에게 기억에 남는 드라마 속 장소가 된다. 화면에는 화답으로, “이 세상에서 제일 세고 제일 강하고 제일 훌륭하고 제일 장한 인생의 그 숱하고도 얄궂은 고비들을 넘어 매일 나의 기적을 쓰고 있는 장한 당신을 응원합니다.”라고 쓰인다. 드라마와 현실이 분리되어 있지만 드라마를 통해 치유되고, 간접경험을 공유하면서 신비로운 경관에서 힘을 얻는다. 갈등이 해결되고 미스테리한 드라마 속 장소 옹산의 문제가 사라지면서 미디어 공간 까멜리아는 옹산에 깊게 자리 잡게 된다.

사례 ❺ 공상과학 영화 〈테넷〉에서 시공간 동시 장악

공상과학영화에는 주류 과학에서 완전히 받아들여지지 않은 현상과 함께 미래적 요소와 새로운 기술들에 대한 묘사가 나타난다. 〈테넷〉(2020)의 경우에는 상영된 이후, 물리학과 관련하여 영화 평이 많이 나왔다. 과학의 발달은 인류를 진화시켜 왔고, 개인의 선택이 사회에 어떤 영향을 펼칠 수 있는지를 고민하게 한다. 타임슬립 소재 영화는 그동안 자주 등장해 왔지만, 동시에 같은 공간에서 직접 상황을 볼 수 있다거나 거꾸로 시간이 역행하는 모습을 보여 준 적은 없었다. 〈테넷〉은 시간의 흐름을 뒤집는 인버전(시간 역행 기술)을 통해 현재와 미래를 오가며 세상을 파괴하려는 자와 이를 저지하기 위한 작전을 행하는 주도자 사이에서 제3차 세계대전을 막는다는 것이 주요 내용이다. 〈테넷〉에서는 시간에 관한 논의 다음에 할 수 있는 것은 공간을 동시에 시간변화로 보여 줄 수 있다는 것, 그에 대한 질문들을 찾아보고자 한다.

첫째, 핵융합 재료를 구하기 위해 어떤 다양한 장소가 등장하는가? 우크라이나 경찰관을 가장한 CIA 요원 주도자는 핵물질로 추정되는 알 수 없는 물질 '241'을 찾기 위해 러시아, 인도 등을 찾아다닌다. 실은 어느 나라, 어느 곳에 있는지, 이동 경로 또한 영화에서 크게 중요하게 설명되지 않는다. 다만 영화 전체를 이해하는데 있어서 여러 나라들이 등장하게 된 이유에 대해 메이킹 필름 영상 7화 '세계횡단'으로 정리했다. 7개국을 가서 실제로 그 곳에서 촬영하는 것이 중요했고, 감독뿐 아니라 제작자(촬영, 미술 등)들이 실제 장소를 중요시 했음을 알 수 있다. 특히, 제작자들은 에스토니아 탈린에서 볼 수 있는 동유럽 분위기는 브루탈리즘[69] 건축양식을 찾기 위해 클래식 콘서트가 열렸던 곳으로 선택하였다.[70] 이후는 사토르에 대한 정보를 얻기 위해 이동하는 장소들이다. 뭄바이는 특유의 분위기를 담기 위해 인도 장마철로 촬영 시기를 조율했다. 또한 덴마크 바다에 있는 풍력발전소를 선정해 에너지 흐름에 대한 시각적 잠재력을 담았다. 주도자가 잠시 정신을 잃어 본인이 어디에 있는지 모를 때 나타나는 망망대해의 이 장면은 압도적인 기억을 남긴다. 주도자가 총알의 기원을 알게 되는 곳 또한 탈린이다. 이전된 (구)리발라이아 법원에서 촬영했다. 법원 건물의 웅장하고 권위적인 느낌이 전달된다.

둘째, 공항 프리포트[71]에 그림이 보관되어 있었다는 것이 의미하는 바는? 영화에서 오슬로 공항에는 부자들의 조세피난처 '프리포트'에 그림들이 보관되어 있다. 이곳에 간 이유는 시간 반전 장치를 통해 원래 시간 방향으로 돌아가 인버전 총상을 치유하기 위함이다. 그리고 정상시간으로 복귀하여 상처를 치유한다. 인버전의 상태를 과거의 잘못이나 오류를 번복하기 위함으로 그 과정에서 미래의 자아와 만나기도 한다. 그러한 곳에서 일주일의 시간을 보내면서 여주인공의 총상을 치유한다. 그 여주인공 캣이 미술품 감정사가 되어 위작을 구별하는 작업을 한다는 것은 번복되는 시간과 교정되는 시간 사이에서 미술품의 진위를 판단한다는 것이 유사한 행위로 보인다.

셋째, 영화 마지막 장면으로 사건이 종결된 후에 런던 캐논 플레이스(Cannon Place)에서 만나는 이유는 무엇인가? 마지막 장면은 평화로운 일상으로 돌아와 캣이 하교하는 아들을 데리러 가는 순간이다. 캣은 캐논 홀 고등학교를 다니는 아들을 캐논 플레이스에서 기다린다. 그 앞에서 왠지 느낌이 이상해 주도자에 연락해 자신의 안전을 돕게 한다. 대포를 의미해 힘을 상징하는 캐논(Cannon)은 이 지역과 맞물려 현재 런던의 중심부로 상업과 금융이 발달한 곳이다. 이곳으로 돌아와 일상으로 복귀한 캣과 아들의 안식처가 되고, 미래를 열어가는 인도의 프리야로부터 캣을 지켜낸다.

추가로 영화에서 폐허가 된 가상의 도시 스탈스크 12(Stack 12)에서 마지막 전투가 있다. 아이러니하게도 이 장면은 캘리포니아 인근에서 촬영되었다. 이글마운틴은 철광석 광산이 폐쇄되면서 1980년대에 인구가 감소한 곳이다. 거대한 사각형 콘크리트 '아치'의 길은 실제 존재하지만, 강제 원근법으로 지어진 대규모 모델과 함께 여러 개의 실물 크기 건물이 건설되어 이미 거대한 무대가 더욱 커 보이게 되어 있다. 실내 촬영은 워너브라더스 스튜디오 스테이지 16에서 이루어졌다. 바닥에 세트를 쌓아 높이를 올렸다. 그리고 마지막으로 로스앤젤레스 사우스 베이 지역의 호손시에 버려진 쇼핑몰에 콘크리트 건축물을 활용했다(movie-locations 웹사이트 참조). 이 전투 후에 소속된 집단으로부터 주도자가 자신의 역할을 자각한다.

동시에 시공간 장악을 하게 되는 주인공 주도자는 인버전과 정방향의 시간을 함께 경험해 가면서 혼돈을 줄여간다. 반복된 시간을 왔다갔다 하면서 오히려 완벽하게 공간에서 주체로 자리 잡는다. 특이한 점은 시공간을 장악한 주체가 되었다고 이를 표현하지는 않고, 주도자의 이름을 갖고 있으면서도 세상을 주도하지 않는다. 주도자는 방해요소가 되는 세력을 제거하고, 자신의 정체성을 포함한 여러 가지 비밀을 가지고 있다. 이름 없는 주인공은 주도자(The Protagonist)라 불린다. 비밀조직 테넷과 협력하여 인버전을 이용하는 세력과 싸운다. 영화 마지막에야 스스로 주도자임을 깨닫는다. 단어 테넷(tenet)은 처음과 끝이 같다. 또한 테넷(신조, 교리, 믿음)은 집단에서 주요한 신념체계로 원칙과 같다. 주도자가 따르는 믿음이면서 앞뒤가 같은 스펠링 tenet으로 시간 역행을 제목에 보여 준다. 오페라 극장에서의 테러 시작이 캐논 플레이스의 여유로운 일상으로 마무리된다.

사례 ❻ 전기 영화 〈오펜하이머〉에서 공간의 밀도

전기 영화는 한 인물의 삶을 다루지만, 논픽션만 있는 다큐멘터리는 아니다. 영화에는 사실과 허구가 함께 나타난다. 긴 개인사에서 굵직한 사건의 흐름을 배치하고 스토리 개연성을 위해 사실에는 없는 인물이 추가되기도 하고, 사건을 묘사하는 과정에서 선택과 집중하게 된다. 영화 〈오펜하이머〉(2023) 또한 3시간의 긴 상영시간 중에 상당한 시간을 차지하는 오펜하이머 청문회로 영화는 시작된다. 가끔 흑백 장면이 나오는 이유도 놀란 감독에 따르면, 오펜하이머를 객관적으로 보여 주기 위해 흑백 장면을 넣었다고 인터뷰한 바 있다. 오펜하이머의 관점이 달라지는 시점이 컬러와 흑백으로 대조된다.

오펜하이머가 맨하탄 프로젝트[72]를 성공시켜 원자폭탄을 가능하게 만들었음에도 불구하고, 프로젝트가 종결된 이후에는 사상에 대한 의심을 받아 심문을 받게 된다. 오펜하이머는 원자폭탄이 발효된 이후 많은 사상자에 대한 자기반성의 시간이 필요했고, 원자폭탄이 만들어지는 과정에서 많은 과학자와 사상가들을 만났다. 이러한 과정이 청문회에 나타나게 되는데 심문을 받으면서 과거로 회귀하여 논의되는 순간들을 다시 떠올리게 된다.

오펜하이머 보안 청문회 공간은 복도 끝 작은 책상들이 붙어 있는 좁은 방에 있다. 1954년에 있었던 밀실 청문회가 열린 심문 공간은 빛바랜 색감이다. 의자 하나조차 더 넣을 수 없는 공간에는 사람과 책상으로 가득 차 있고, 7명의 위원들과 오펜하이머, 증인 2명까지 10명이 있다. 복잡한 오펜하이머의 심경을 보여 주듯이 밀도가 높다. 밀착된 거리는 심리적으로 위화감을 느낄 수 있다. 논리의 반박 과정에서는 발소리와 같은 음악을 통해 관람자로 하여금 맥박을 높이고, 명도를 높여 긴박함을 높인다. 이에 대해 1959년 루이스 스트로스 청문회가 흑백으로 가미되어 다각도에서 영화에 더 몰입하게 만든다. 루스벨트 정권에 진행되었던 맨하탄 프로젝트는 루스벨트가 뇌출혈로 사망하고 트루먼에게 이어져 아이젠하워 정권에 두 명 모두 밀실 청문회를 겪는다. 다음 정권은 원자폭탄을 투하한 트루먼의 결정에 이견을 가지고 있었다는 점에서 청문회는 예견되었는지도 모른다.

좁은 청문회 공간이 개인에 대한 몰입을 가능하게 했다면, 맨하탄 프로젝트를 해내기 위해 과학자들의 연구시설이 있었던 로스 앨러모스는 평원에서 실험이 열릴 정도로 넓다. 새로 만들어진 연구단지라고 해도 믿을 정도로 가족들을 위한 시설도 함께 배치되었다. 핵폭탄 실험이 성공하고 로스 앨러모스 연회장에서 열렸던 집담회는 또 하나의 심리적 공간이다. 4년을 함께 한 연구원들, 가족과 직원들이 모인 연회장을 나무 계단식으로 만들어 집중하게 했다. 계단에서 들리는 청중들의 발소리가 오펜하이머에게만 들리고 프로젝트의 성공을 축하하는 연구자들의 모습을 보여 주면서 오펜하이머 만의 시각으로 과학적 연구를 수행하면서 겪는 가치중립적 상황을 설득한다. 소통의 장이나, 과학자들이 회의를 거쳐 연구에 집중해 가는 과정에서도 핵무기를 만들어야 하는 복잡한 심경이 반복되어 투영된다.

오펜하이머가 아인슈타인을 만나게 되는 장면이 이야기의 시작과 마지막에 나온다. 과학자가 스스로 해낼 과업에 대해 축하도 받지만 큰 책임감도 따라온다는 것을 메시지로 받는다. 성취의 결과를 감당해야 하는데 충분히 "별을 받고 나면 축사와 함께 상을 받겠죠… 주인공은 당신이 아니고 그들이라는 것을." 이라고 아인슈타인이 말한다. 과학자들이 공감할 수 있는 대사로 영화를 마무리하는 것이 윤리적 탈출구일지도 모른다. 실제 오펜하이머는 이어서 수소폭탄 제작을 반대했다.

별들이 죽으면 어떻게 되는지에 대해 연구했던 오펜하이머는 별이 죽고 발생하는 에너지에 관심 있었다. 별의 최후에 중력이 엄청나게 집중되고 모든 것을 삼켜 빛조차 사라지게 한다는 발상에서 시작되었다는 것이 흥미롭다. 개개인이 갖고 있는 발상을 사회적으로 융화시켜 발전시키고 가능하게 도왔던 당시 상황 또한 긴박함이 넘친다. 전기 영화이기에 한 명을 일관되게 한 인물의 시점 변화까지 표현 할 수 있다. 그리고 음악, 색의 대조, 조도, 명도 등으로 개인의 심리적 공간을 몰아치우듯이 한 명에 집중할 수 있었기에 주인공이 응시하는 시선조차 감정을 밀도 있게 표현해 낼 수 있음을 보여 준 사례이다.

사례 ❼ 음악 영화 〈말할 수 없는 비밀〉에서 사운드스케이프

예술 고등학교를 배경으로 한 타임슬립 영화인 〈말할 수 없는 비밀〉(2007)은 주인공들이 시간 여행을 하면서 이야기가 전개된다. 서로를 알아가면서 마음이 커져가는 과정에서 여주인공 루사오위(계륜미)가 미래로, 남주인공 예상륜(주걸륜)이 과거로 시간을 교차 여행 한다. 이때 악보를 매개로 음악연습실에서 피아노 연주를 하면서 비밀스러운 시간 여행이 이뤄진다.

사운드스케이프는 소리(sound)와 경관(landsacpe)의 합성어로, 특정 환경에서 들리는 소리들이 모여 음향적 경관을 형성하는 것을 말한다. 스미스(1994)는 사운드스케이프가 사람들의 공간에 대한 경험과 인식에 어떤 영향을 미치는지를 다루었다. 그리고 그 단계로 상징화 단계, 배제화 단계, 재구조화 단계를 설정한 것을 도안으로 영화를 분석해 보았다. 그 과정에 에릭 요한슨 전시회에서 사운드스케이프란 그림을 보게 되면서 각 개인의 기존 레코드가 환경으로 표현되는 것이 흥미로워 함께 다루었다.

이야기는 루사오위가 호기심에 '비밀'이라 쓰여진 악보를 보고 연주를 시작해 미래로 오게 되면서 시작된다. 사운드 스케

그림 10. 에릭 요한슨의 그림 "사운드 스케이프"

이프는 '비밀'이라는 상징화 단계에서 예술학교와 단수이를 무대로 만난다. **상징화 단계**에서는 쇼팽 왈츠, 흑건, 왼 손만을 위한 피아노 협주곡 등 인물들의 대화를 피아노 배틀로 표현되며, 음악 연습실에서 경연이 펼쳐진다. 두 주인공의 대화가 음악으로 승화되고 서로를 이해하게 된다. 여기에서 후반부에 설명되는 비밀은 루사오위는 예상륜을 20년 후 만난 첫 인물이라 그 사람과만 대화가 된다는 설정이었다. 이로써 '시간여행=비밀'이라는 공식이 음악연습실에서 두 주인공의 연주에 맞춰 타임슬립이라는 형태로 작동한다. 각각의 시간대는 따로 있다. 루사오위의 과거와 예상륜의 현재로 영화가 시작하지만 마지막은 예상륜이 과거로가 마무리된다.

이 영화는 자연스럽게 음악을 눈으로 보여 주는 사운드 스케이프에서 **배제화하는 단계를** 보여 준다. 두 인물의 관계를 알고 있는 사람은 루사오위가 비밀을 말한 선생님(예상륜의 아빠), 그리고 루사오위가 눈에 보이는 청소부 아저씨 둘이 있다. 이 둘은 비밀을 알고 있지만 타임슬립을 하지 않고 배제되어 있다. 어쩌면 과거로 온 예상륜을 자연스럽게 받아들인다는 것만이 이해를 도울 것이다. 오히려 배제된 사람들은 장난스러운 친구들처럼 보일지 모른다. 하지만 진실은 루사오위가 다른 이들에게는 보이지 않기에 예상륜이 혼자 노는 것처럼 보이기도 한다. 20년 후의 예상륜을 좋아하는 루사오위도 친구들 사이에서 겉돌지만, 음악에 빠진 주인공들이 사랑에 빠졌기 때문에 서로에게 더 빠져들게 된다. 여느 사랑영화처럼 주인공들을 제외하고 나머지 배역들은 배제화되는 것이다. 둘이 피아노를 치면서 다시 상징적으로 좋아하게 되는 감정을 느끼는 과정이 반복되면서 상징화와 배제화 단계가 반복된다. 둘 만의 이야기가 상징화되어 보여지고 예상륜의 시간에서 루사오위는 보이지 않기에 이외 인물이 둘을 이해하지 못하는 모습으로 그려진다.

이야기를 정점으로 심화해 주는 계기는 예상륜이 '비밀'을 알기 전에 청의(증개현)라는 예상륜을 짝사랑하는 반친구이다. 청의가 예상륜과 루사오위 사이에 끼어들어 예상륜이 루사오위에게 실수를 한다. 예상륜이 실수를 깨닫고 과거로의 시간여행을 할 수 있는 악보를 찾아 학교로 들어간다. 배제화 단계는 한 인물로 인한 반전이 일어난다. 그로인해 예상륜은 루사오위가 본인에게만 보인다는 것을 알게 되고 왜 기억에 남을만한 대화를 나눴는지 이해하게 된다.

그 때 예술학교가 **재구조화 단계**에 들어서면서 사운드 스케이프의 전형을 보여 준다. 마치 두 주인공의 마음이 재건되듯이 건물이 보수 공사에 들어간다. 미로처럼 보였던 루사오위의 마음이 미래로 오면서 단순화되었다. 반면에 음악연습실 장면은 재구조화단계로 재건설에 들어간다. 예상륜의 음악이 심화될수록 건물은 더 세게 부서진다. 연주를 마치고 과거로 돌아간 예상륜은 공사로 상처를 입었지만 마음은 단단해져 보인다. 영화 마지막 5분을 남겨두고 루사오위를 찾아 과거로 돌아가 예상륜은 함께 졸업식을 마친다.

음악을 눈으로 보이게 해 주는 사운드 스케이프는 예상륜과 루사오위의 음악이 연주될 때 상징화되었다. 이야기가 심화되면서 사운드 스케이프는 상징화, 배재화, 재구조화 단계를 거치면서 가시화되었다. 영화 속 경관은 등장인물의 감정이나 행동이 배경에 투사되어 나타난다. 이 경우에는 음악연습실의 연주과정에서 보이는 사운드 스케이프의 물리적인 변화가 감정의 깊이를 증폭시켜 준다.

또한 예술학교가 영화 밖 장소로 의미 있는 것은 이 촬영지가 주걸륜이 졸업한 담강 중학교라는 점이다. 주걸륜은 대만을 대표하는 프로듀서 겸 작곡가이자 영화감독으로, 이 영화에서도 감독과 각본을 맡았다. 이 영화 밖 장소 예술학교가 입지한 단수이는 대만의 최초 선교사가 들어오고, 대만의 진리 대학교가 위치한 곳이다. 단수이 지역구는 대만에 서북쪽으로 중국이나 기타 외국문물이 들어올 때 통로 역할을 한 곳으로 보인다. 촬영지의 하나인 홍마오청은 유서깊은 요새이다. 홍마오청은 원래 스페인, 네덜란드, 영국 등 여러 나라의 식민지 세력에 의해 사용되었으며, 대만의 서구 열강과의 교류 역사를 상징하는 장소이다. 대만 현지인들이 네덜란드인들을 붉은머리로 지칭해 홍마오청이라 불리게 되었다.

사례 ❽ 모험 영화 〈인디아나 존스: 운명의 다이얼〉에서 타임슬립 공간

인디아나 존스 마지막편 〈인디아나 존스: 운명의 다이얼〉(2023)은 1981년에 개봉한 모험 영화 〈인디아나 존스〉의 주인공이 은퇴를 하면서 겪는 일이다. 〈인디아나 존스: 크리스탈 해골의 왕국〉(2008)의 속편으로 만들어 졌다. 가공의 인물인 인디아나 존스는 고고학을 쫓아, 정체성을 찾기 위해 OSS[73]요원으로 5편에 걸쳐 종횡무진했다. 1981년에 상영된 〈인디아나 존스〉 첫 시리즈에는 1936년 남아메리카 열대우림, 유럽지부 카이로에서 베를린으로 가는 무선을 도청했는데 나치 일원들과 대적했다. 대적 끝에 찾게 된 성궤는 미국의 한 창고에 봉인되고, 4편에서 다시 드러난다. 5편으로 이어져 1969년에 뉴욕의 전설적인 모험가이자 고고학자 인디아나 존스는 끝나지 않은 모험에 뛰어든다. 베트남 전쟁 반전 시위대, 닐 암스트롱의 달 착륙으로 우주 탐험 시대를 여는 축하 행렬들 사이에서 벌이는 추격전은 우리를 1969년으로 되돌려 놓는다. 비록 50여년 전에 머무르는 가공의 인물이지만 해리슨 포드는 42년에 걸쳐 우리들에게 영원한 인디(축약으로 영화에서 부르는 이름)가 되었다.

그의 모험은 자유주의와 함께 정당화되어 왔고, 1950년대 유행했던 소설이나 모험 영화류의 연장선에서 〈인디아나 존스〉는 시작되었다. 이 영화는 스타워즈 시리즈로 유명한 루카스 필름이 제작했고, 2012년 디즈니에 인수되고도 작업을 이어 왔다. 어려움을 해결해 가는 모험에 대한 긍정적인 이미지는 미국 영화의 경제적·문화적 영향력이 저변을 확대하는 촉매제가 된다. 5편에서도 이집트계 미국인이 적응하기에 어떠한 도움을 주었는지, 얼마나 끈끈한 우정으로 이어지는지가 나타난다. 은퇴를 앞둔 인디는 대녀인 헬레나가 시라큐스 대학 강의에 남긴 질문과 문제들을 가지고 그녀를 찾아 떠난다. 영화 속 설명에 따르면, 시간의 기상학으로 시간의 틈을 찾았던 헬레나의 아버지는 딸에게 꿈을 남겼다.

모험의 끝이 타임머신을 맞추는 것이었고, 질문에 대한 답을 찾아 마지막 부분에는 고대의 시칠리아섬으로 안착한다. 아르키메데스는 고향인 시라쿠사를 방어하기 위해 여러 전쟁 기계를 고안했고, 제2 포에니 전투의 일환인 시라쿠사 전투에서 사망했다. 그가 만든 전쟁 기계 중에 가장 유명한 것은 적의 배를 들어 올려 파괴하는 발사기와 적군의 함선을 태우는 거울을 이용한 열선 무기이다. 이 무기는 영화에도 잘 표현되었다. 시라쿠사는 시칠리아섬의 도시 중에 하나로, 로마가 시칠리아를 장악하게 된 계기를 만들어 준다. 영화적인 장치로 추가된 설정은 타임슬립을 가능하게 한 다이얼에 관한 기록은 없다는 점이다. 오히려 아르키메데스 입장에서는 실패한 전투를 자세히 묘사한 것은 눈여겨볼 만하다.

인디는 2017년 영국 영화잡지 엠파이어지에서 선정한 최고의 캐릭터 100선에서 1위를 차지했다. 이러한 모험 활극은 과거시대에 대한 향수에서 비롯되었다고 분석한다. 모험과 탐험의 시대는 흘러가지만, 고대어에 능숙했던 영국의 고고학자 제카리아 사친박사나 히틀러에게 고미술품을 성배로 가져갔던 독일의 오토 란 역시 이야기에 모티브를 제공한다. 이러한 에피소드들은 5편에서도 유물을 찾아 도망하는 자, 유물을 쫓는 자가 대치되어 모험극을 극대화시킨다.

낙하선을 타고 헬레나와 인디는 로마 시대의 육지로 내려온다. 영화에서는 비행기가 이를 따라와 착륙한 시칠리아섬으로 아르키메데스가 찾아오게 되고 그는 손목 시계를 보게 된다. 고고학을 공부하다 보면 그 시대로 가고 싶은 욕심을 가질만하다. 인디는 과거로 도착해 그 꿈을 이뤘고, 감개무량해 한다. “난 늘 이 장면을 상상해 왔고, 평생 연구해 왔어.”라며 돌아가지 않겠다고 한다. 은퇴를 앞둔 그에게 선물과 같은 시야가 펼쳐진다. 헬레나의 무력으로 인디는 다시 뉴욕으로 무사히 돌아온다. 마치 꿈을 꾼 것처럼 일어나지만 그의 옆에는 로마 화살

촉과 다이얼이 놓여있다. 돌아와서는 그 시대를 그리워하지만, 가족이 있는 뉴욕에 살아있음에 감사한다.

일장춘몽과 같은 모험의 이야기도 격투를 벌였던 탐험의 에피소드들도 지나간 순간들이다. 노란 톤으로 덧입혀진 영상에서는 느긋한 노후의 나른함과 과거의 무용담들이 소재가 된다. 마지막에는 인디가 비로소 쉴 수 있는 자유와 함께 자신의 꿈에 그려졌던 고대 시대에서 벗어날 수 있는 선택이 소호 거리 테라스 빨래대에 걸쳐져 있다.

사례 ⑨ 드라마 〈오징어 게임〉에서 비롯된 버추얼 공간

드라마 〈오징어 게임〉(2021)은 코로나 시기에 넷플릭스를 통해 크게 흥행한 작품이다. 오징어 게임은 황감독이 영화각본 투자에 실패하고 부채에 시달리던 과거의 경험을 통해 구상하게 되었다. 그는 가계가 힘들었던 때에 만화방에서 많은 시간을 보내면서 배틀로얄, 라이어 게임 등과 같은 생존게임 장르의 만화와 소설을 탐독했다. 그러나 먼저 작성한 〈오징어 게임〉 각본이 인정받지 못했고, 영화 〈도가니〉(2011), 〈남한산성〉(2017)이 먼저 그의 인지도를 높혀 주었다. 각종 프로덕션들은 이 스토리가 터무니없이 비현실적이라고 했지만 10년이 지난 후, 넷플릭스에서 그의 각본을 인정해 드라마로 제작하게 되었다.

황감독이 말했던 "루저들의 이야기"는 집에 있는 시간이 길었던 코로나 창궐 시기와 맞물려 빛을 발하게 된다. 빚에 쫓기는 수백명의 사람들이 수상한 초대장을 받고 생존게임을 하게 된다는 비현실적인 이야기이다. 게임이 펼쳐지는 내부 촬영은 2017년 문을 연 대전시 유성구 스튜디오 큐브에서 촬영하였고, 시각특수효과(VFX)를 활용했다. 이렇게 완성된 드라마 속 게임 장소는 오겜월드라는 이름으로 드라마 속 장면과 유사한 공간을 조성하여 드라마 상영 시작과 함께 이태원역에 설치 했다. 체험공간과 드라마의 합은 시청자로 하여금 어린시절 놀이를 하고 싶게 만들었다. 드라마가 마치고도 시청자들은 게임을 현실에 소환해 내고 싶어했다. 단순한 어릴 적 놀이를 체험해 보고 싶은 욕구는 세트장과 유사하면서 말끔한 공간을 불러냈다. 이 드라마는 코로나 팬데믹 기간에 세계적으로 유명해졌고, 모방이 쉬운 게임을 주로 해내고 있기 때문이었다. 어디서나 접속 가능한 버추얼 공간을 통해 이런 욕구가 실현 가능해졌다.

버추얼 공간(Virtual Space)은 컴퓨터 기술을 이용해 만들어진 가상의 환경이나 공간을 의미한다. 이는 현실 세계의 물리적 제약을 벗어나, 사용자가 상호작용하고 경험할 수 있는 디지털 환경을 제공한다. 소위 말하는 가상 현실은 다양한 형태와 용도로 사용되며, 그중에서도 가상 현실(VR), 증강 현실(AR), 그리고 혼합 현실(MR) 등이 대표적이다. 버추얼 공간 경험은 고도의 그래픽과 음향을 활용한 몰입감, 입력장치를 활용하는 상호작용성, 물리적 제약을 받지 않기 때문에 확장 가능성의 효과를 얻는다.

가상현실 엔터테인먼트 전문기업 샌드박스VR이 2023년에 넷플릭스 드라마 〈오징어게임〉을 기반으로 한 VR[74] 테마파크 전용 게임을 출시했다. 이름은 〈오징어게임 버추얼(Squid Game Virtuals)〉로, 넷플릭스와 공식 협업해 제작했다고 알렸다.[75] 이제는 VR을 착용하고 버추얼 공간에서 각자 게임을 할 수 있게 만들었다. 게임만을 활용한 버추얼 공간 또한 제작자의 포지셔널리티에서 비롯된 한국적 동화 구현의 연장이다.[76] 채경선 미술감독은 한국 동화, 한국적인 판타지를 구현해 내고자 노력하였고, 그 결과가 어디에서나 게임을 실현가능하게 했다. 그리고 아이디어는 각본을 쓴 황감독에서 비롯된 것이다.

Outro 일상생활에서 미디어 공간에 대한 비판적 사고

영화는 장르적 특성과 연결하여 문화 지리학의 개념들을 연결할 수 있다면, 드라마는 분량이 압도적으로 많아서 뉴스나 기사 검색을 통해 미디어 공간을 장소로 도출해 낼 수 있었다. 영화에서 하나하나의 신이 중요했던 것처럼, 드라마는 드라마 속 공간이 검색 결과로 나뉘어 있었고, 그 공간들을 연결해서 실타래처럼 풀어가며 드라마 속 장소를 구성할 수 있었다.

드라마 〈대장금〉(2003)이 한창 반영되던 2004년 친구 찬스로 드라마 방영 중에 촬영장을 참관할 수 있었다. 당시 석사 논문 주제를 미디어와 관계된 장소로 좁혀가던 중에 겪은 반나절의 견학은 내 인생을 바꿔놓았다. 지나고 보니 그때 반나절 동안 여러 곳에 동시 촬영을 진행하고 있었고, 그러한 장면들이 이어져 드라마를 만들 수 있다는 것을 알게 됐다. 지금도 용인 대장금파크는 다양한 드라마의 촬영장으로 활용되고 있다. 사극 드라마들이 전통가옥을 활용하기도 하고, 실내 스튜디오를 만들어 동시간대에 여러 드라마를 촬영하기도 한다. 세트장 내 편의점에서 쉬는 동안 동시 진행되는 드라마의 현장을 곁눈질로 접할 수 있었다. 한 촬영지에서 동시에 여러 개의 미디어 공간이 만들어질 수 있구나라는 걸 실감할 수 있었다.

그리고 2023년, 워너브라더스 스튜디오 100주년에 이 곳을 방문하게 됐다.[77] 스튜디오 투어를 하면서 전면부에 파사드로 만들어진 뉴욕의 거리를 만났고, 성공한 시트콤 〈프렌즈〉(1994~2004)에 나왔던 소품들이 외부 거리에 전시되어 있어 포토존 앞에서 사진을 찍을 수 있었다. 로스앤젤레스 스튜디오 투어에서는 영화 〈세런디피티〉(2001), 〈오션스 일레븐〉(2001), 〈프렌즈〉(1994~2004) 등의 일부를 뉴욕의 거리로 현재에도 만날 수 있다. 버스를 타고 상영화면과 함께 보면서 실내와 실외를 투어로 돌아다니면서 촬영당시 상황과 영화나 드라마 장면을 상상해 보았다.

유니버설 스튜디오의 투어에서는 비슷한 형식이지만 영화를 찍을 때 홍수를 어떻게 만들어 낼 수 있는지 재현해 주는 코너가 있었다. 그곳에서는 순식간에 눈앞에서 범람하는 호

그림 11. 워너브라더스 스튜디오
왼쪽: 뉴욕 거리 촬영지, 오른쪽: On-air 스튜디오
(출처: 2023년 직접 촬영)

수를 만들어 보여 주었다. 직접 보고나니 영화 〈쥬라기 공원〉(1993)을 찍었다는 숲에서 마치 공룡이 나올 것 같기도 하다. 스튜디오 체험에서 얻게 된 미디어 장소감이다. 그림 11에서 나오듯이, 왼쪽에 로스앤젤레스에 있는 오픈 스튜디오 뉴욕의 거리가 있다. 파사드 중심의 건물에 들어가보니 안의 구조는 창고와 같다. 넓지도 않은 텅빈 공간은 건물 전면부, 계단, 진입하는 장면 등을 연출하는 데 사용된다. 그리고 오른쪽에 보이는 실내 스튜디오에서는 내부 촬영이 이어진다. 건물마다 번호가 적혀 있고 그동안 촬영했던 영화나 드라마들이 적혀 있다. 현재 상영되고 있는 드라마도 볼 수 있었는데, 세트장 안에 들어서니, 관광객들이 앉을 자리까지 마련해 두었다. 세트장, 촬영장, 그리고 관람석까지 배치된 On-air 스튜디오이다. 촬영된 드라마 제목에는 현재 방영 중인 드라마도 함께 표시되어 있었다.

미디어·언론정보 분야에서의 공간연구가 문학작품처럼 미디어 공간이 의미하는 바를 연구한다면, 지리학 분야에서는 실제 장소와 연관하여 인지공간으로 영화나 드라마 속 장소가 어떻게 받아들여질 수 있는지를 살펴볼 수 있다. 개인이 일상생활에서 실제 세계와 연관하여 얼마나 상상력이 더 풍부해질 수 있는지를 찾아 보았다.

미디어 지리에 관한 폴 아담스 책을 보면, 글 또한 미디어

그림 12. 윤동주문학관과 실내에 있는 우물
(출처: 2024년 직접 촬영)

로 서로의 이해를 좁혀준다. 그렇다면 글을 공간에 표현한 장소는 어디가 있을까? 사례를 찾아보다가 윤동주문학관을 찾게 됐다. 윤동주문학관은 유족을 대표해 전문가 집단이 건립했다. 서울 종로구에 위치한 윤동주 문학관은 원래 수도가압장으로 쓰이던 건물이었다. 지역 활성화 프로젝트를 진행하던 종로구는 윤동주와 연계하여 이 공간을 활용하고자 하였고, 윤동주 문학관이라 이름 붙여 개관하였다. 리모델링 과정에서 발견된 콘크리트 옹벽과 물탱크도 윤동주 시인의 시 「자화상」과 연결 지어 새로운 전시 공간으로 탈바꿈시켰다. 그림 12 왼쪽에 우물을 상징화한 공간이, 오른쪽에 윤동주 생가에서 가져온 우물 목판이 전시되어 있다. 전시실에서 올려다본 하늘은 마치 물처럼 밖의 세상을 궁금하게 만들어 낸다.

일상생활에서 미디어 공간이라는 매개체를 통해 개개인을 반추해 보고, 사회적 역할에 공감하면서 장소에 뿌리내린다. 간접 매체에 대한 각자의 경험이 다르기에, 익히 알려진 작품에서 착안하여 우물을 전시하였다. 이 우물 옆에 서면 동북쪽 언덕으로 윤동주가 다닌 학교와 교회 건물이 보였다고 한다는 설명에서 당시 생활을 간접적으로나마 상상하게 해 준다. 공간이 글을 매개해 준다.

영화 〈스파이더맨: 어크로스 더 유니버스〉(2023)를 보고

자란 아이들은 멀티버스를 당연하게 받아들인다. 아이들 세대의 미디어 공간은 훨씬 다분화될 것이다. 나 아닌 나, 나 외의 남이 바라보는 나까지를 받아들이고 있는 아이들은 좀 더 다각적이고도 객관적으로 세상을 볼 수 있을 것이다. 자연스럽게 우리들은 우주에 대한 이론 증명의 진위를 떠나서도 여러 성장통을 겪는 스파이더맨이 평행 세계의 스파이더우먼을 만나는 것을 경험한다. 아이들은 일상을 떠나 캠핑을 즐기다가 뜬금없이 여러 세계에서 온 스파이더맨들의 이야기를 꺼낸다. 당시가 너무 재미있고 여백의 시간이 많아 더 많은 자기(추억 속의 자기, 현재의 자기, 미래의 자기)가 필요했는지 모른다.

제작자들이 선택하고 이야기 구현을 위해 만들어 놓은 공간들은 어떤 형태로든 관람자나 시청자에게 남게 된다. 그 미디어를 접하지 않았어도 실제 장소에 방문하게 된다면 세계 어디서든 미디어 촬영지에 대한 정보를 얻게 된다. 미디어 촬영지에 대한 오버투어리즘이 문제되는 것 또한 촬영지 정보의 편중화에 따른 것이다. 그러한 것이 미디어를 통해 경로의존성을 만들고 몰리는 장소에 한걸음 더 다가가게 한다. 소통을 목적으로 한 뉴미디어 또한 무분별하게 데이터를 쏟아내면서 실제 세계에서 우리는 참과 거짓을 구분해야 한다. 미디어 리터러시에서 나아가 지리적 미디어 문해력은 좀 더 구체적으로 실제성을 받아들이게 도와 줄 수 있다.

미디어 공간들은 우선 스토리텔링 공간이다. 날씨, 촬영 시기, 시간 등을 모두 고려하여 계획하고, 제작자부터 배우까지 동원된다. 우리는 그들이 만들어 놓은 프레임 안 공간을 보면서, 혹은 추가적으로 그들이 남긴 글이나 인터뷰, 기사들을 보면서 그 밖의 제작 환경 또한 추론해 볼 수 있다. 그 안을 들여다보면 지정학적인 공간부터 다차원적인 사회적 공간의 의미가 채워져 있다. 영화를 텍스트로 할 때는 주요한 쇼트를 활용하여 개념에 필요한 장면 위주로 취사선택했다면, 드라마의 경우는 분량도 많고 이미 촬영지에 대한 미디어 담론이 많아 상영 시기의 수용자 관점 또한 담을 수 있다. 그 미디어 속 장소들이 단초가 되어 새로운 기록을 만들어 낼 수 있기를 희망해 본다.

인스타그램에서 stepping-throughfilm라는 아이디를 가진 인플루언서가 촬영지를 찾아다니면서 화면 속 배경과 프레임을 맞춰 사진을 찍어 올리는 게시물을 그림 13과 같이 볼 수 있다. 50여만 명의 팔로워가 있는 사진작가 Thomas Duke는 아이디와 동일한 이름의 웹사이트도 만들어 활동한다. 그는 BBC방송이나 저널 활동을 통해 독자들과 소통하고 있다. 애니메이션 영화 〈루카〉의 인스타그램 피드 좋아요 수가 11만여 명인 것을 보면 관람자들 또한 소스에 관심이 있다는 것을 짐작

그림 13. 인스타그램에 올라온 촬영지 사진
(출처: 인스타 아이디 steppingthroughfilm)

할 수 있다. 결국 촬영지로 알려진 이탈리아 친퀘테레(Cinque terre)를 보고싶어한다는 것을 알 수 있다. 제작진들 또한 사전 조사를 거쳐 포르토로소를 만들어 냈다.[78] 우리나라에도 비슷한 형식으로 영화를 평론하거나 TV 예능프로그램을 진행하는 경우가 있다. 어쩌면 너무 많은 작품 사이에서 당연한 관심이 일지도 모른다. 이 책은 이러한 미디어 유발 여행이 어떻게 시작되었을지 어떠한 것을 다시 만나고 싶어 촬영지를 보고 싶어 하는지에 대해 살펴보고자 노력했다.

코로나 기간 집에서 체류하는 시간이 길어질수록 소통과 대화를 원한다는 것을 알게 됐다. 아이들이 학교를 갈 수 없을 때는 아파트 계단을 오르내리면서 가족과 시간을 보냈다. 오히려 제한되는 시간과 공간이 더 사람과 추억의 장소를 그리워하게 했다. 줌으로 만나 수다도 떨고, 영상통화도 해 보았지만 부족함이 있었다. 그리운 사람만큼이나 가고싶은 곳, 보고싶은 곳들이 늘어났다. 쌓여 물보가 터지듯이 컴퓨터 화면 앞 또한 그리웠다. 2021년부터 그 시간을 차곡차곡 쌓았다. 보고 싶었다.

단순하게 생각해 보면, 미디어의 내용은 발신자로부터 수신자에게 전달된다. 미디어 통계는 대부분 언론인 혹은 수용자를 분석한다. 미디어 발신자인 언론인/제작자는 오피니언 리더가 되어 원본 데이터화되고, 그 외에 내용을 보고 듣고 읽는 시청자, 청취자, 독자, 관람자 등은 수용자에 속한다. 해당 콘텐츠나 장소를 향유한 집단만이 내용을 정확히 이해할 수 있다. 미디어 공간을 살펴본다는 것은 매체를 접한 사람과 실제 장소를 먼저 접한 사람이 나중에 미디어를 보면서 미디어 속 장소로 공감하는 것에서 시작한다.

현대 사회에서는 정보의 과잉이 문제이다. 비판적 사고를 통해 우리는 어떤 정보가 신뢰할 수 있는지, 출처가 정확한지를 평가할 수 있다. 모든 미디어 콘텐츠는 특정한 관점이나 편향을 가질 수 있다. 이를 인식하면 우리는 더 균형 잡힌 시각을 가질 수 있다. 비판적으로 미디어를 분석하면, 우리가 무의식적으로 수용하는 메시지를 더 잘 구별 할 수 있다. 다양한 관점을 고려하여 동일한 주제에 대해 다양한 출처와 관점을 탐색할 수 있다. 이는 특정한 편향에 휩쓸리지 않도록 도와준다. 나아가 미디어 콘텐츠가 감정을 자극하여 특정한 반응을 유도하는지 인식하고, 감정적 반응에 대한 비판적 거리를 유지하게 돕는다. 비록 작품일지라도 감정의 증폭보다는, 충분한 향유를 통한 공감을 얻어내는 효과가 있다.

일상생활에서 미디어 공간에 대한 비판적 사고를 적용하는 것은 우리가 접하는 정보와 메시지를 더 잘 이해하고 평가하는 데 필수적이다. 이는 미디어 속 공간을 장소로 확인하고 반아들이는 과정에서, 정보의 신뢰성을 평가하고, 다양한 관점을 고려하며, 논리적으로 분석하게 된다. 다면적 사고를 통해 우리는 미디어가 우리에게 미치는 영향을 더 잘 인식하고, 더 균형 잡힌 시각을 유지할 수 있다.

지리적 미디어 문해력에서 비롯된 비판적 사고는 미디어를 통해 전달되는 지리적 정보와 그 재현 방식에 대한 평가와 분석을 유의미하게 한다. 우리가 접하는 뉴스, 영화, 소셜 미디어, 광고 등에서 지리적 장소와 공간이 어떻게 묘사되고 해석되는지를 이해하고, 그 이면의 의도와 편향을 인식하는 능력을 분석해 보았다.

결과적으로 얻게되는 비판적 사고는 첫째, 다양한 미디어 출처에서 제공하는 지리적 정보를 비교하고 평가함으로써, 특정 장소에 대한 다양한 시각을 이해할 수 있다. 둘째, 영화나 드라마에서 지리적 재현을 평가한다. 영화나 드라마에서 특정 장소가 어떻게 묘사되는지, 그 묘사가 어떤 편향을 가질 수 있는지 분석할 수 있다. 셋째, 이러한 논의가 늘어나면 다양한 미디어 텍스트에 대한 담론을 통해, 학생들이 지리적 재현의 편향과 관점을 인식하고, 비판적으로 평가하는 능력을 기른다. 균형 잡힌 시각을 형성하고, 사회적 편견을 인식하면서, 정치적·경제적 의도를 파악하고자 노력할 수 있다. 넷째, 내러티브와 프레임 안 그리고 밖의 장소에 대한 상황적 지식을 함께 고려하여 실제적 의미를 얻도록 노력해야 한다.

이러한 접근은 영화 및 문화 연구뿐만 아니라 비판적 지리학에서도 널리 사용되고 인정받는 시각적 방법론의 근본적인 측면이 있다. 이를 통해 얻은 지리적 미디어 문해력은 지리적 맥락에서 미디어 콘텐츠를 비판적으로 분석하고 이해하는 데 중요한 역할을 할 수 있다.

글을 마무리해 갈 때쯤, 왜 미디어 지리학에 관심을 갖게 되었는지 질문을 받았다. 경제·인문 사회 연구회에 이경진 박사님이 연구자의 정체성이 무엇인지 물어보며 객관적으로 바라보는 것을 권유했다. 되돌려 생각해 보니 잠시 체류했던 영국 헤이스팅스의 해안 소도시에서 반복되었던 일상이 떠올랐다. 영화 〈트루먼 쇼〉(1998)가 촬영된 곳은 시사이드(Seaside)이다. 이곳은 플로리다 북서부 멕시코만에 위치한 작은 해안 마을로, 영화의 설정과 매우 비슷한 이상적인 모습의 커뮤니티이다. 커뮤니티는 뉴 어바니즘(New Urbanism)이라는 건축 운동의 대표적인 사례로, 걸어 다니기 편리하고 커뮤니티 중심적인 도시 설계가 특징이다. 아름다운 해변과 잘 정돈된 주택, 상점들이 줄지어 있어 매우 평화롭고 완벽해 보이는 환경을 제공한다.

〈트루먼 쇼〉처럼 극적인 면을 현실에서도 찾을 수 있다는 것을 그곳에서 느꼈다. 그리고 1923년에 발명가 존 로지 베어드가 만든 최초 텔레비전을 지역 박물관에서 접했다. 방문 당시 영국인들의 자부심이 느껴졌다. 이런 경험들이 쌓여 현장에 더욱 관심이 생겼다. 프레임 밖의 공간은 사건의 배경이나 후속 상황을 상상하게 돕고, 프레임 밖의 세계는 영화가 단순한 시각적 매체를 넘어서 관객의 상상력과 서사적 깊이를 확장하는 중요한 요소로 자리 잡는다.

저자는 석사, 박사논문 모두 영화 속 장소 분석을 주제로 하여 연구했다. 처음에는 실제 장소에 관심을 가지고 미디어 유발 여행을 살펴보았다. 다음은 좀 더 사실적인 사건을 영화화한 것을 찾기 위해 앞서 살펴본 한국전쟁 소재 영화에서 실제 장소를 분석했다. 한 발짝 더 나아가 역발상으로, 가장 영화적으로 찍은 사례를 찾아 분석 대상에서 지리적인 사실을 찾아낸다면 유의미할 것으로 생각했다. 이 책을 통해 현실을 재현한 실제 장소, 픽션에서 찾은 지리적인 사실, 과거를 모방한 실제 세계의 함의를 독자가 이해하는 데 도움이 되었기를 기대해 본다.

감사의 글

지리학과를 선택하는 데 도움을 주신 이승숙 선생님은 늘 글을 쓰라고 조언을 해 주시고, 딸 이지안도 응원과 용기를 북돋아 주었습니다.

지도교수님이신 이정만 선생님은 20여년 동안 인생의 길잡이가 되어 주셨고, 주창하신 '제한요인'은 코로나 기간을 즐길 수 있도록 해 주었습니다. 여러 책을 출판하시며 제게 큰 동기부여가 되어 주신 이기봉 박사님, 이현군 박사님, 도도로키 히로시 교수님, 임수진 교수님, 김이재 교수님은 모범이 되셨습니다. 그리고 지난여름 일본에서 오신 오기노 박사님은 "일본 사람들은 영화를 같이 잘 보지 않는다."고 조언해 주신 것에서 개인의 미디어 공간을 떠올리는 데 도움이 되었습니다. 최서희 교수, 정지희 박사를 비롯한 만족 후배들에게도 감사합니다.

재택근무 동안 논문과 책을 열람할 수 있도록 도움을 주신 서울대학교 국토문제연구소에도 감사드립니다. 올해 봄 서울대 교양수업 '생활공간과 인간' 강의에서 "미디어 공간과 생활"이라는 주제로 특강 기회를 준 최선영 박사님에게 감사를 전합니다. 덕분에 오랜 시간 고민했던 개념을 정리할 수 있었습니다. 대한지리학회 발표 때 〈미나리〉에 대한 원고를 감수해 주신 로스앤젤레스 오인혜 박사님에게도 감사드립니다. 김은경 박사님은 보세구역을 알려주셨고, 이는 〈테넷〉의 프리포트를 찾아보는 데 도움이 되었습니다.

영화지리학 석사논문을 작성한 지 20여 년이 흘렀습니다. 논문을 쓰며 영화인들을 만나 촬영 준비 과정과 영화 이후의 다양한 에피소드를 인터뷰하며 객관적으로 접할 수 있었습니다. 이 자리를 빌려 논문 통과에 도움을 주신 강남준 교수님, 돌아가신 편거영 감독님, 배우 신영균님, 배우 윤일봉님, 노광우 교수님께 감사드립니다. 지리학이 제게 운명이었다면, 영화는 삶의 활력이었습니다. 영화에 대한 살아있는 지식이 부족했던 저에게 1960년대 영화계와 영화학을 설명 해 주신 모든 분들께 깊이 감사 드립니다.

코로나 일상을 버티게 해 준 미씨 친구들과 김가영 선생님, 그리고 〈낭만닥터 김사부〉에 영감을 준 이은영 동기와 새벽 여신 이경진 박사님, 시작부터 귀 기울여 준 정혜윤 선생님은 늘 함께 했습니다. 시간의 소중함을 일깨워준 김경희, 이영실 선생님, 40년 지기 최의정, 이웃사촌 윤인정 언니, 〈대장금〉 찬스의 주인공 구혜연, 이탈리아에서 응원해 준 권지혜, 사고의 전환을 주는 이현주, 〈야반가성〉을 함께 보면서 유쾌한 대화를 이어온 이지연과 장정윤에게도 인사를 전합니다.

이 책을 정리할 기회를 주고 기다림을 함께 한 남편과 아이들, 그리고 부모님께 사랑을 전합니다. 3년간 틈틈이 글을 쓸 때마다 질문을 해 준 큰아들과, 사진을 찍으러 다닐 때 함께해 준 둘째 아들과도 글을 쓰는 기쁨을 나누고 싶습니다. 기간이 길어지면서 시부모님, 시누들, 남동생 가족 모두 응원해 주셨습니다. 지도교수님의 가르침대로, 삼대 가족에 대한 이해는 문화지리학에서 파생된 영화 지리 연구를 지속하는 데 큰 힘이 되었습니다.

〈미나리〉를 볼 때마다 뉴욕에서 10년간 이모네와 함께 지내셨던 외할머니가 떠오릅니다. 또한, 대만 여행 중 이종사촌들과 함께했던 〈말할 수 없는 비밀〉의 촬영지 단수이의 추억도 여전히 기억에 남습니다. 붉은 벽돌의 진리대학교, 홍마오청에서 본 아름다운 노을은 강렬한 색채와 어울어져 제 마음속에 자리 잡았습니다. 인생 속에서 이미 영화와 드라마가 곳곳에 큰 자리를 차지하고 있었음을 새삼 깨닫게 되었습니다. 우연히 여행에서 만났던 스팟과 추억이 오래 기억에 남아 다시 영화를 만나게 해 줍니다.

책으로 출간되기까지 3년이 걸렸습니다. 그동안 용기를 주신 박대훈 선생님과 더불어 ㈜푸른길 출판사의 김선기 대표님, 이선주 팀장님에게도 감사드립니다.

참고문헌

국내 문헌

강원택 지음, 2023, 사회과학 글쓰기, 서울대학교출판문화원.

구동회 외 지음, 1999, 영화 속의 도시, 한울.

국방군사연구소 편찬, 1995, 한국전쟁(上), 군인공제회.

국외소재문화재재단 편찬, 2014, 오구라 컬렉션 일본에 있는 우리 문화재, 국외소재문화재재단.

김권호 지음, 2005, 전쟁 기억의 영화적 재현 -한국 전쟁기 지리산권을 다룬 영화들을 중심으로-, 제68권, 한국사회사학회, 사회와 역사, pp.101-135.

김용화, 2018, 신과 함께: 인과 연 김용화 오리지널 각본, 놀.

김홍영 지음, 2009, 6·25 전쟁사 6권 - 인천상륙작전과 반격작전, 국방부군산편찬연구소.

데이비드 딜레니 지음, 박배균·황성원 옮김, 2013, 영역, 시그마프레스.

데이비드 앳킨스 외 지음, 이영민 외 옮김, 2011, 현대 문화지리학 주요 개념의 비판적 이해, 논형.

롤랑 바르트·수전 손택 지음, 송숙자 옮김, 1994, 사진론: 바르트와 손탁, 현대미학사.

리처드 플로리다 지음, 안종희 옮김, 20203, 도시는 왜 불평등한가, 매일경제신문사.

박태균 지음, 2005, 한국전쟁, 책과함께.

박태웅, 2023, 박태웅의 AI 강의, 한빛비즈.

수잔 헤이워드 지음, 이영기 외 옮김, 2012, 영화사전, 한나래.
수전 손택 지음, 이재원 옮김, 2005, 사진에 대하여, 이후(서울).
서동수 지음, 2010, 지역의 분할과 반공 윤리의 생산, 한국민족문화, 38, pp.65-88.
서미영 지음, 2024년 1월 22일, '웰컴투 삼달리' 촬영지로 나온 리조트, 디지털 조선일보.
신윤수 · 오유미 지음, 2013, 영혼의 가압장, 윤동주문학관, 종로문화재단.
아만다 D. 로츠 지음, 2022, 다시 읽는 OTT 플랫폼, 나남.
아르준 아파두라이 지음, 2004, 차원현 · 채호석 · 배개화 옮김, 고삐 풀린 현대성, 현실문화연구.
안지혜, 2005, 영화법 개정 이후의 영화정책(1985~2002년), 김동호 외, 한국영화 정책사, 나남, pp.269-291.
양희경 외 지음, 2007, 영화 속 지형이야기, 한울.
앤드류 어드거, 피터 세즈윅 지음, 박명진 옮김, 2009, 문화이론 사전, 한나래.
에드워드 렐프 지음, 2005, 김덕현 · 김현주 · 심승희 옮김, 장소와 장소상실, 논형.
윤대호, 2023, 인천상륙작전, 더오리진.
윤충한 · 김한대 지음, 2012, 영화 배급 · 상영의 수직계열화가 상영영화 선택 및 상영 횟수에 미치는 영향, 한국문화경제학회, pp.127-149.
이순자, 2021, 일제강점기 문화재 정책과 고적조사, 동북아 역사재단.
이은영, 2005, 교통사고사망의 지리적 특성과 응급의료접근성, 서울대학교 지리학 석사학위논문.
장윤정, 2005, 영화를 통한 장소이미지의 교류 -북제주군 우도를 사례로-, 서울대학교 지리학 석사학위논문.
장윤정, 2013, 인천상륙작전 영화 속 장소 재현 -제작자 포지셔낼리티를 중심으로-, 서울대학교 지리학 박사학위논문.

정은혜 외 지음, 2023, 포스트투어리즘의 새로운 렌즈, 엘피.

존 어리 지음, 이희상 옮김, 2016, 모빌리티, 커뮤니케이션북스.

최민정 · 배상준 지음, 2022, 메소드 로드(method road): 로드무비 장르의 방법론적 확장 가능성에 관한 연구, 영화연구.

폴 비릴리오 지음, 권혜원 옮김, 2004, 전쟁과 영화, 한나래.

카이버드 · 마틴셔윈 지음, 최형섭 옮김, 2023, 아메리칸 프로메테우스, 사이언스 북스.

크리스 바커 지음, 이경숙 · 정영희 옮김, 2009, 문화연구사전, 커뮤니케이션북스.

한국문화역사지리학회 지음, 2013, 현대 문화지리의 이해, 푸른길.

황치성 지음, 2018, 미디어리터러시와 비판적 사고, 교육과학사.

외국 문헌

Adams, P., 2009, Geographies of Media and Communication, Wiley-Blackwell.

Aitke, S., 1991, Transactional Geogra[hy of the Image-Event: the Film of Scottish Director, Bill Forsyth, Transactions: Institute of British Geographers, No. 16, pp.105-118.

Aitken, S., 1994, I'd rather than watch movie than read the book, *Journal of Geography in Higher Education*, 18(3), pp.291-308.

Aitken, S. & Zonn,L. 1994, Place, Power, Situation and Spectacle: A geography of Film, Roman and Littlefield Publishers.

Hanna, M. & Sheehan, R. A., 2019, Border Cinema, Rutgers University Press.

Harper, G. & Rayner, J., 2010, Cinema and Landscape, Gutenberg Press.

Lukinbeal, C., 1995, A Geography in Film, A Geography of Film, Master's

Thesis, California State University, Hayward.

Lukinbeal, C. & Craine, J., 2009, Geographic media literacy: an instruction, GeoJournal 74, pp.175-182.

Lukinbeal, C. & Zimmermann, S., 2008, The Geography of Cinema - A Cinematic World, MGM.

Smith, J. S., 1994, Soundscape, *Area*, 26(3), pp.232-240.

Tuan, Y., 2003, Place, Art, and Self, Center for American Places.

신문 기사

경향신문, 2023년 8월 13일, 드라마 · 영화 촬영에 국유재산 활용… 매입대금 분납기간 여장.

경북매일, 2023년 6월 29일, "크릴새우 따라 영일만에 고래가 몰려왔지".

연합뉴스, 2021년 10월 2일, "'오징어게임' 세트장, 한국적 동화 만들기 위한 도전".

조선일보, 2021년 10월 22일, "전세계, 속아주셔서 감사"…'오징어게임' VFX 만든 걸리버 스튜디오의 비상.

캄볼 캠벨, 2021년 6월 17일, '루카': 픽사의 놀라운 신작 영화에 영감을 준 실제 이탈리아 마을과 스튜디오 지브리 영화, Yahoo! entertainment.

홍수정, 2014년 1월 26일, '천만 영화' 시대는 갔다, PD Journal.

한겨레신문, 2023년 2월 21일, BTS로드 · '오징어 게임' 촬영지… 한류 대표 관광코스 선정.

Cruz, R., 2020, Latest trailer for Nolan's 'Tenet' reveals scenes shot at SCLA, Daily Press.

OSEN, 2023년 12월 24일, 크리스티나 아길레라, '오징어 게임' VR하며 43세 생일 파티.

주

1 옛 나주극장(1930년대 개관)은 문화재생사업의 일환으로 2025년에 나빌레라 문화센터로 변모할 예정이다.

2 OTT(Over-The-Top)는 인터넷을 통해 제공되는 미디어 서비스를 의미한다. 전통적인 방송망이나 케이블 TV 같은 유료 방송 서비스를 거치지 않고, 인터넷을 통해 바로 콘텐츠를 스트리밍하는 방식이다. 사용자는 다양한 디바이스(스마트폰, 태블릿, 스마트 TV 등)를 통해 이 서비스를 이용할 수 있다.

3 국내에서는 2011년 12월에 시작한 드라마 〈빠담빠담…그와 그녀의 심장박동소리〉를 시작으로 종편 드라마가 시작되었고, 미국에서는 2010년대 초반 인터넷 텔레비전이 대중화되면서 IPTV가 OTT로 발전하였다(아만다 D. 로츠, 2022).

4 1998년 4월 서울 광진구 테크노마트에 개관한 CGV 1호점이 대한민국 최초 복합상영관이다.

5 매일경제신문, 2021년 10월 27일, [K-드라마 열풍] ③ OTT 급성장에 경계 무너진 영화·드라마.

6 미디어 리터러시라는 용어는 1953년 미국의 미디어 교육 논문 단체 더나은방송협의회(American Council for Better Broadcasts: ACBB)가 1955년 발행한 뉴스레터에서 사용하기 시작하였다. 처음 소개 되었을 때 텔레비전 프로그램의 질을 이해하고 판별할 수 있는 능력을 키우기 위해 만들어졌다면(황치성, 2018, 재인용), 지리적 미디어 리터러시 용어는 1993년 교육학 국제기구에서 이해한 5가지 요소를 바탕으로 한다(Lukinbeal, 2009). 명확한 의사전달을 위해 지리적 미디어 문해력으로 바꾸어 사용한다.

7 'AI 윤리'는 인공지능 기술의 개발, 배포, 그리고 사용에 관련된 도덕적, 사회적, 법적 문제들을 다루는 학문적 및 실천적 분야이다. 흔히 사용하는 생성 AI가 인간의

삶에 점점 더 큰 영향을 미치면서, AI 윤리는 기술이 인간과 사회에 미치는 영향을 고려하고, 이에 대한 책임 있는 결정을 내리는 데 중요한 역할을 한다.

¨8 이미지넷(image-net.org)은 세계 최대의 오픈소스 이미지 데이타베이스이다. 세계 이미지인식대회에서 사용되는 데이타 베이스로 유명하다(박태웅, 2023). 〈미래수업〉에서 강의에서 스탠포드 대학교를 언급한 것은 저작권이 프린스턴 대학과 스탠포드 협업결과로 얻은 것이기 때문이다. 이미지넷은 프린스턴 대학의 워드넷 기반에 스탠포드 대학 페이페이 리가 라벨을 부여하여 만든 것이다.

¨9 미디어 유발 여행은 미디어 관람 이후 실제 촬영 장소(로케이션)에 관광객들이 모여들어 장소가 개발된 사례이다.

¨10 포스트 투어리즘의 가장 큰 특징은 개별 여행자의 행보에 대한 관심이다. 생산자 위주 관광자원 논의에서 나아가 관광을 향유하고 즐기는 소비자 위주의 관광객 논의로 발전했다. 개인이 개별 미디어를 이용해 시야를 확장한 것도 관련 있다(정은혜 외 지음, 2023: 182). 개인의 영역이 중요시되고 있다.

¨11 초창기 문화영화는 독일우파의 "과학영화" 적 성격이 강하여 과학적 지식을 전달 유포하는 중요한 매체였다. 기계장치 자체에 대한 관심이 줄어들면서 일상적인 오락으로 자리 잡게 되었고, 문화 영화의 소재는 문화의 정체화에 관심을 갖게 되었다. 문화영화는 계몽적일 뿐 아니라 예술적이기도 한 "국책 선전영화"로서의 분명한 성격을 부여받게 되었다(이병훈, 2014: 20-32).

¨12 1950년대 영화는 세계대전의 시기에 대부분 할리우드 영화제작 시스템에서 벗어났다. 유성영화가 발전된 이후, 이탈리아의 네오리얼리즘 영화, 미국의 필름 누아르 영화, 일본의 전통 사회구조를 비판하는 영화, 민족 정체성을 탐구하는 브라질의 시네마 누보, 정치권력의 변화를 담은 해빙기의 소비에트 영화 등 다양한 지역주의 영화들로 자리 잡아 갔다. 냉전기에는 많은 국가들이 영화 검열을 정치적 목적이나 정치 지도자의 권력 강화 목적 수단으로 사용해 왔다(정태수, 2016).

¨13 영화 〈오! 인천〉은 미국에서 제작된 영화로 통일교가 관여하였다. 제작에만 5년이 걸린데다, 할리우드가 주가 되어 한국에서 촬영에 관계된 내용을 수소문하여 찾아다녔기에 개봉 전에 이미 영화가 개봉할 것이라는 사실이 알려져 있었다. 이는 영화관계자들과 심층 인터뷰에서도 알 수 있었다. 우연히도 월미도가 같은 해에 개봉

한다.

..14 유대인 출신 거브너는 고국 헝가리를 떠나 여러 나라를 거쳐 미국에 정착한다. 1942년 대학시절, 유고슬라비아에 첩보기관에 유격병으로 파견된다. 그 이후 미국으로 돌아와 학위를 받은 후 연구에 전념한다. 살아있는 경험은 미디어 배양 이론의 예시를 이해하는 데 도움을 준다.

..15 Adams, Paul C., 2009, 「Geographies of Media and Communication」, Wiley Blackwell.

..16 폴 비릴리오는 프랑스의 문화 이론가, 철학자, 도시 계획가로, 그의 연구는 주로 기술, 속도, 시간, 공간, 전쟁과 관련된 주제를 다루고 있다. 어쩌면 사람들이 전쟁 영화를 보는 이유를 설명하고 있는지도 모른다. 비릴리오는 전쟁이 기술 발전과 속도의 중요한 요소라고 보았고, 전쟁으로 시간과 공간의 개념이 바뀌고 있다고 역설했다. 어쩌면 전쟁으로 서로 간의 연결성이 더 커지고 있다.

..17 비어수로는 동수로와 서수로가 만나 영흥도부터 합류하여 모인다. 섬들 사이를 흐르는 이 조류는 조석간만의 차에 영향을 받는다. 썰물 때는 과거 수백 년간 황해에서 밀려와 쌓인 진흙이 부두에서 2마일까지 뻗는다. 기뢰를 부설하기 좋고, 취약 지점에 배가 침몰하면 다른 배가 통과하기 어렵다. 그만큼 바다 수위 차이가 커 물고기가 나르는 것처럼 보인다는 연유에서 지어진 이름으로 보인다.

..18 인터뷰로 직접 뵐 수 있었던 편거영 각본가는 영화 〈특전대〉(1965)에서 감독으로도 활약했다. 전쟁 이후, 1955년에 육군통신학교, 육군공병학교를 졸업하였다. 1958년 예편이후, 기자, 각본가로도 활동을 했다. 고향은 당진이었으나, 인터뷰를 할 때 제주도에 거주하고 있었다.

..19 1990년대 말 대기업의 영화산업 진입과 수직계열화의 빠른 속도로 우리나라 영화산업을 바꾸어왔다(윤충한·김홍대, 2012). 한때 상영 영화의 편중화와 집중화 경향은 1000만 관객의 시대를 열었으나, OTT의 등장으로 이런 경향이 분산되고 있다(홍수정, 2024). 사례 영화 두 편은 상업영화의 르네상스 시대에 혜택을 본 영화로 월트디즈니 컴퍼니 코리아의 브에나비스타 인터내셔널 코리아와 CJ 엔터테인먼트에서 배급을 맡아 널리 알려지게 되었다.

[20] 에드워드 렐프는 『장소와 장소 상실』 외에도 장소, 공간, 정체성에 관한 다양한 주제에서 여러 저서와 논문을 집필했다. 그의 저서 중에서 『현대성과 장소의 회복』(Modernity and the Reclamation of Place, 1992)에서도 알 수 있듯이, 장소/공간/정체성에 대한 꾸준한 연구를 이어왔다. 30여 년이 지난 지금에도 회자되며 지리학, 도시계획, 환경디자인 등의 분야에 이론적 틀을 제공했다.

[21] 공교롭게 1970년대 중반에 인간주의 지리학자들이 저서를 출판했다. 이푸 투안은 이 책 외에도 『공간과 장소』(Space and Place, 1977), 『장소애』(Topophilia, 1974), 『지리적 상상력』(Passing Strange and Wonderful, 1993) 등의 저서가 유명하다. 얇지만 『장소, 예술 그리고 자아』(Pace, art and self, 2003)의 책에서 매체의 성격에 따라 다른 분위기를 전달할 수 있다고 설명했다.

[22] 스튜어트 C 에이킨은 영화와 지리학의 상호작용에 대해 관심이 있었다. 이와 함께 질적 연구방법론, 비판적 사회이론, 지리철학에서 나아가 어린이와 청소년의 연구를 했다. 그의 관심사는 방법론을 연구하는 과정에서 파생된 것으로 보인다. 그의 접근방법은 객관적으로 영화를 지리학과 연관지어 분석하는 데 도움을 준다.

[23] OTT로 매체를 접하게 된 이후 영상에서 보여지는 이미지는 바로 여행자들에게 손짓을 한다. 지난 2024년 1월 21일에 종영한 드라마 '웰컴투 삼달리'는 제주도의 청량함을 잘 전달하였다. 이후 바로, 4개 국어로 소개되어 외국인 맞춤형 콘텐츠로 제공되거나, 신화월드에서는 촬영지 여행지 코스를 선전하는 리조트 상품이 만들어졌다(서미영, 2024).

[24] 크리스 루킨빌은 문화지리학자이자 지도학자로, 주제와 관련하여 영화에서 공간과 장소의 역할을 탐구했다. 그는 영화가 어떻게 지리적 공간을 형성하고, 이 공간이 문화적, 사회적 의미를 어떻게 담아내는지를 분석했다. 그의 연구는 영화 속 장소와 환경이 어떻게 상징적 의미를 지니며, 이들이 관객의 인식에 어떤 영향을 미치는지를 밝히는 데 중점을 둔다. 이를 통해 영화가 지리적 현실을 어떻게 재현하고 변형하는지를 이해하는 데 기여했다.

[25] 레오 E. 존은 인간주의 지리학 분야에서 주목받는 학자 중 한 명이다. 그의 연구는 주로 문화지리학, 대중문화, 매체와 지리학의 관계에 중점을 두고 있다. 존은 장소와 공간에 대한 인식과 그 표현 방식에 대해 깊이 있는 통찰을 제공하며, 인간의 경

험과 문화적 맥락을 강조하는 연구를 통해 인간주의 지리학의 발전에 기여했다.

··26 수전 손택은 미국의 작가, 비평가, 감독으로, 20세기 후반의 지적 담론에 큰 영향을 미친 인물이다. 최초 서적 『캠프』(Notes on camp, 1964)는 미학적인 접근으로 캠프를 "사물의 본래 의미와는 다른, 예술적인 방식으로 즐기는 취향"으로 정의했다. 그 이후에도 사회참여적 글쓰기를 이어왔다. 책 『사진에 관하여』는 뉴욕타임즈에 4여 년 동안 기고하면서 신문에 서평에 실은 6편의 에세이를 책으로 엮는 것이다. '이미지-세계'에서 얻은 글이다.

··27 거리두기(dictanciation)는 1920~1930년대 연극활동에서 비롯된다. 관객이 연극 내용으로부터 거리를 두게 해 비판적인 입장을 취하게 돕는다. 영화에서는 빠른 편집과 점프 컷, 매치되지 않는 샷, 스크린 밖 관객들에게 이야기는 등장 인물들, 예기치 않은 삽입 장면 등이 이에 속한다(수잔 헤이워드, 2012).

··28 McDonnell, B., 2021년 5월 14일, Why this Oklahoma ranch where 'Minari' was filmed is a 'perfect' movie location, The Oklahoman.

··29 미국 이민은 1965년 이민 쿼터제가 폐지되면서 이민법이 개정 된 후, 한인 수가 성장했다. 1980년대에는 가족 초청으로 이민 수가 늘어 난다.

··30 Lincoln, A., 2021년 4월 22일, 'Minari' is set in Arkansas, but was filmed in northeastern Oklahoma, 4029 News.

··31 인디언준주는 인디언 부족을 정착시기키 위해 할당된 땅이다.

··32 〈미나리〉 영화 음악은 에밀 모세리(Emile Mosseri)가 작곡했다. 에밀 모세리는 미국의 영화 음악 작곡가, 음악가, 그리고 프로듀서로, 감성적이고 섬세한 음악으로 주목받고 있는 인물이다.

··33 유튜브 사이트 FilmCater1 채널로, 16년전 영상이다. 정이삭 감독의 젊은 시절 메시지를 확인할 수 있다.

··34 이동진의 유튜브 채널 'Btv 이동진의 파이아키아'

··35 JTBC의 뉴스룸, 감독의 '기억들' 모여 … '74관왕' 전 세계 홀린 미나리,

(https://www.youtube.com/watch?v=BZfJxK1fHzM)

**36 혼성성은 문화의 이동, 상호작용 및 변형 과정을 설명하기 위해 필요하다. 문화 지리학은 공간과 장소가 사람들의 문화적 정체성에 어떻게 영향을 미치는지, 그리고 반대로 문화가 공간과 장소를 어떻게 형성하는지를 연구하는 학문으로 「현대 인문지리학 주요 개념의 비판적 이해」에도 소개된 개념이다. 예로 문화적 교류와 융합(이민자, 음식문화 등), 글로벌화와 혼성성(패션,음악 등 새롭게 변형), 혼성성과 장소정체성(다문화사회)가 있다.

**37 '사이'에 대해서는 식민지의 역사, 문화, 정체성이 단순히 지배와 피지배의 이분법으로 설명될 수 없음을 보여 준다. 사이라는 개념은 이들 간의 상호작용과 그로 인한 혼합된 정체성을 의미하며, 식민지 경험의 복잡성을 포착한 것이다. 사이의 의미는 권력의 중간지대에 나타나는 권력의 불균형에 관한 것이나, 혼성성 공간의 새로운 가치, 지배와 저항의 이중성에 주목한다. 식민지 시민들은 본국의 문화를 받아들이는 것처럼 보이지만, 동시에 이를 재해석하고 변형하여 새로운 정체성을 만들어 내는 방식으로 저항한다. 이 개념은 식민지 본국과 식민지를 단순한 지배와 피지배의 구조로 보지 않고, 상호작용과 변형의 과정으로 본다.

**38 주간조선(2010년 3월 22일 2097호)에 따르면, 당시 도굴 사건이 오랜 시간이 지나 본격적인 수사를 착수하였다. 한국 고미술업계에 막강한 영향력을 행사하는 유력 인사가 관여해 대리인을 시켜 도굴꾼을 사주해 벽화를 뜯어냈으며 이를 국내로 가져와 팔려고 했다는 제보가 접수됐다고 경찰에 전달했다. 2004년에 고구려 고분 31곳은 세계문화유산으로 지정되었으므로 그 이후 도굴된 것으로 추정했다.

**39 지역적 사태는 특정 지역이나 상황에서 발생하는 예측할 수 없는 사건이나 조건을 의미한다. 이 개념은 다양한 학문 분야에서 사용되며, 특히 사회학, 인류학, 커뮤니케이션 이론 등에서 중요한 역할을 한다. 지역적 사태는 상황과 맥락에 따라 그 의미와 중요성이 달라진다. 예측 불가능성, 맥락 의존성, 일시성과 변동성 등의 특성이 있다. 지역의 특수성을 이해하는 것이 중요하다.

**40 마틴 루터 킹(1929~1968)은 1950~1960년대 미국에서 흑인들의 시민권 운동을 이끌었던 상징적 인물이다. 그는 1964년 시민권법(Civil Rights Act)과 1965년 투표권법(Voting Rights Act)의 통과에 큰 영향을 미쳤다. 1965년 링컨 대통령에 이어,

1968년 4월 4일 테네시주 멤피스에서 암살당했고, 그의 기일인 매년 1월 세 번째 월요일을 마틴 루터 킹 기념일(Martin Luther King Jr. Day)로 지정하여 연방 공휴일로 기념한다. 이후 그는 인종 평등과 사회 정의의 상징이 된다.

··41 웹사이트 Facts.net에서 2024년 1월 26일에 영화 〈엘리자베스타운〉에 대한 37가지 사항을 찾을 정도로, 20여 년이 시간이 지난 현시점에도 본 영화가 회자하고 있다.

··42 크로우 감독은 1980년대에 로레인을 방문했고, 이 경험을 잊지 못하여 집으로 돌아가는 길에 숭고한 죽음에 대해 생각해 보는 기회를 만들었다.

··43 카메론 크로우 감독의 제작 일기 홈페이지 중에서 영화 〈엘리자베스타운〉에 관한 것이다.(https://www.theuncool.com/films/elizabethtown/elizabethtown-production-notes/)

··44 드라마 촬영지 구석구석이라는 웹사이트에 “도깨비 촬영지 서울 40곳을 알려드립니다”라는 항목에 드라마 장면들이 나열되어 있다.

··45 TV Report의 기사를 참조하였다.
(https://m.entertain.naver.com/article/213/0000948248)

··46 주문진 방파제 근처(4.4km)에 주문진 해수욕장에 BTS 정류장이 있다. You never walk alone 뮤직비디오 촬영지이자, 앨범 재킷을 촬영한 곳이다. 두 곳은 인접해 있어 여행자의 동선에 함께 사로잡힌다.

··47 뉴스엔 2017년 11월 13일 기사이다.
(https://www.newsen.com/news_view.php?uid=201711131038140410)

··48 실제로 스탠포드 감옥 심리학 실험을 1971년에 필립 짐바르도 교수가 했다. 그 실험은 계획과 달리 시작 6일만에 중단되었다. 학생들이 교도관과 죄수역을 나눠 임했는데, 너무 역할에 몰입하게 되면서 교도관은 권위적으로, 죄수는 수동적으로 변화하는 것을 관찰했다. 이러한 윤리적인 문제로 인해 2주일의 계획이 무산되었다. 인간이 특정한 사회적 역할을 맡았을 때 어떤 행동을 보이는지를 연구한 실험으로 기록된다.

49 장흥 교도소는 1975년 장흥읍에서 개청했으며, 노후화로 인해 2014년 용산면의 신축 건물로 이전했다.

50 광주일보 2023년 3월 1일 기사이다.
(http://kwangju.co.kr/article.php?aid=1677661838749214144)

51 중앙일보 2023년 11월 14일 기사이다.
(https://www.joongang.co.kr/article/25206962)

52 경향신문 기사(2023년 8월 14일)에 따르면, 교도소와 같이 국유재산을 지자제가 활용하기 위해 매각할 경우, 분납 가능하게 하고 국유재산을 콘텐츠와 결합시켜 영상위원회 DB와 연계하여 한국자산관리공사에서 국유재산 로케이션을 위한 플랫폼을 개발하고 있다.

53 한스경제 2017년 12월 12일 기사이다.
(https://www.hansbiz.co.kr/news/articleView.html?idxno=174961)

54 체포된 범인을 어깨 위로 경찰서에 찍은 사진을 활용한 쇼트이다.

55 김일성 별장은 1938년에 선교사 셔우드 홀의 의뢰로 독일인 건축가 베버가 설계하여 교회 예배당과 별장으로 지어진 건물을 1945년에 활용한 것이다. 1948년에 김일성이 이곳에 자신의 휴양지를 마련하면서 김정일의 어린시절을 즐긴 바 있다.

56 실제 저자는 15여 년 전에 불교방송을 통해 개성을 관광할 기회가 있었는데, 민둥산과 빛바랜 건물들, 건물마다 목제로 만들어진 창틀 등이 인상적이었다.

57 MK스포츠 2020년 1월 10일 기사이다.
(https://mksports.co.kr/view/2020/34462/)

58 https://tv.kakao.com/channel/2666711/cliplink/406738471입니다.

59 봉합은 종종 사건의 마무리나 결말을 의미할 때 사용된다. 예를 들어, 드라마의 마지막에 등장인물들이 문제를 해결하거나 갈등을 해소하는 과정에서 이야기의 모든 실타래가 정리되는 것을 "봉합"이라고 표현할 수 있다. 이는 드라마의 플롯이 완결되며, 시청자들이 모든 이야기를 이해하고 받아들일 수 있도록 하는 중요한 순

간이다.

..60 브릿지 경제, 2020년 2월 20일 기사이다.
(https://www.viva100.com/main/view.php?key=20200211010003842)

..61 연합뉴스에 따르면, 방영 이후 오버투어리즘으로인해 관광객들이 모여들면서 이젤발트는 피아노를 연주했던 부두에 가기 위해 2023년부터 통행료를 받기 시작했다. 인구 400명이 사는 마을에 관광버스가 들어오면서 교통체증도 생겨 감당하기 힘든 수준이라고 한다(2023년, 6월 9일).
(https://www.yna.co.kr/view/AKR20230609103400009?input=1195m)

..62 박희정 지음, 2009, 조선을 놀라게 한 요상한 동물들, 푸른숲.

..63 최혁, 2021년 2월 15일, [전라도 역사이야기] 전라도로 유배 온 코끼리, AI타임즈.

..64 모티브(motive)는 창작의 동기가 되는 까닭이다. 동기, 영감, 유래와 유사하고 편하게 생각해 머릿속에 '꽂힌' 것을 의미한다. 모티브 공간이 될 수 있는 것은 드라마를 보고 기억에 남는 배경은 돌담병원이기 때문이다.

..65 스포츠 서울, 2023년 6월 22일자 기사이다.
(https://www.sportsseoul.com/news/read/1323259?ref=naver)

..66 텐아시아, 2023년 6월 23일자 기사이다.
(https://tenasia.hankyung.com/drama/article/2023062270574)

..67 동아일보, 2019년, 10월 18일, 충청도 배경 가상도시 '옹산'…
(https://www.donga.com/news/Entertainment/article/all/20191017/97931658/4)

..68 조선시대에 산발적으로 이루어지던 포경업이 광복 이후 한국인에 의해 시작된다. 1951년 이후 구룡포항은 고래잡이 어항으로 변모하였고, 장생포와 함께 근대 포경의 원조가 된다(경북매일, 2023년 6월 29일).

..69 오케스트라가 서로 음을 조절하는 클래식 극장 장면에서 현판에 National Opera house(Національна опера)가 병기되어 있는 것을 볼 수 있다. 영화적 재현은 우

크라이나 키이우 임을 보여 주는 부분이다.

[70] 영화의 초반부에 나오는 오페라 극장에서 벌어지는 장면이다. 이 장면은 오페라 공연이 진행되고 있는 도중에 테러 공격이 발생한다. 이 극장은 우크라이나 키이우에 위치한다. 테러리스트들의 목적이나 소속은 영화의 나중 부분에서 등장하여 더 큰 국제적인 음모와 연결되지만, 국적 자체는 명확히 밝히지 않는다.

[71] 프리포트(Freeport)는 항구 뜻 외에 2차적 의미로 예술품이나 고가품 저장소이다. 면세구역에서 물품과 재고관리를 하고, 국제 물류허브로 주요한 기능을 담당한다. 프리포트 창고를 사용하는 것은 세금 혜택, 보안, 비밀성 보장으로 프라이버시가 보장되기 때문이다. 오슬로 공항 장면은 실제 남부 캘리포니아 격납고(Sothern California Logistic Airport in Victorville)에서 비행기 충돌장면이 촬영됐다(Cruz, R., 2020). 프리포트로 보이는 미술품 저장고는 에스토니아 탈린에 있는 쿠무 미술관(Kumu Art Museum)에서 촬영되었다. Youtube의 Visit Estonia 채널에 잘 정리되어 있다.(https://youtu.be/CUoDelE4yRk?si=26UyruhbwGBR3hmx).

[72] 맨하탄 프로젝트는 제2차 세계대전 중에 미국이 주도하고 영국과 캐나다가 참여하여 핵폭탄을 개발한 프로그램이다. 미국 육군 공병대의 지휘 관할로 1942년부터 1946년까지 진행되었다. 제2차 세계대전 종결 이후, 1947년 미국 원자력 위원회로 업무가 이관되었다.

[73] OSS는 미국 전략사무국으로 제2차 세계대전 당시 유럽, 북아프리카, 태평양전선에서 활약했던 미국의 첩보기관으로 CIA의 전신이다.

[74] VR(Virtual Reality, 가상 현실)은 컴퓨터 기술을 이용하여 현실과 유사한 가상 환경을 구현하고, 사용자가 그 환경에 몰입해 상호작용을 할 수 있도록 만드는 기술이다. VR을 경험하기 위해서는 고글형 헤드셋, 특수 컨트롤러 등의 장비가 필요하다. VR을 착용하여 마치 오징어 게임의 현장에 들어선 것과 같은 효과를 얻어낸다.

[75] GameMeca, 2023년 10월 18일 기사이다.
(https://www.gamemeca.com/view.php?gid=1742179)

[76] 채경선 미술감독은 한국적인 판타지, 한국적인 동화를 만들어 보자는 도전이었다

고 밝혔다. 미술 전시와 아이들이 보는 동화책을 참조했다고 한다. "터널처럼 제가 경험적으로 볼 수 있는 공간도 많이 참고했고요."에서 제작자의 관점이 묻어남을 알렸다(연합뉴스, 2021년 10월 2일).

77 워너브라더스 스튜디오는 1923년 폴란드 이민자 가정에서 네 형제가 설립했다. 워너 형제들은 작은 극장에서 시작해 이후 영화 제작으로 사업을 확장했다. 그 시기 영국에서는 텔레비전의 신호를 보내는 실험에 성공했다. 영화는 일찍이 뤼미에르 형제가 1895년에 개발하여 상업영화를 상영한 바 있었다. 1939년 뉴욕 세계박람회에서 텔레비전을 시연하여 대중의 관심을 받았다. 이후 할리우드 스튜디오의 하나로, 내부 스튜디오를 갖춰 다양한 영화와 드라마를 배출한다.

78 감독 엔리코 카사로사와 프로듀서 안드레아 워렌의 인터뷰를 참조한다. "포르토로소의 영감은 실제로 존재하는 마을을 합치는 데서 처음 나왔습니다. 친퀘 테레는 리구리아에 아름다운 마을이 다섯 개밖에 없기 때문에 '다섯 개의 마을'이라는 뜻입니다."(Yahoo! entertainment, 2021). 친퀘테레는 이탈리아 리비에라(Liguria) 지역에 위치한 다섯 개의 작은 마을을 가리키는 이름이다. 이 마을들은 몬테로소 알 마레(Monterosso al Mare), 베르나차(Vernazza), 코르니글리아(Corniglia), 마나롤라(Manarola), 그리고 리오마조레(Riomaggiore)로 이루어져 있다. 다섯 마을과 주변 언덕, 해변은 국립공원의 일부로 유네스코 세계 문화 유산으로, 합하여 영화 속 장소 포르토로소를 만들었다.